凯拉·桑德斯狗狗训养系列

51 Puppy Tricks

幼犬训练,一本就够了

0~2岁小狗狗的51堂快乐成长课

(美)凯拉·桑德斯 著

叶红卫 译

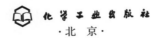

化学工业出版社
·北京·

51 Puppy Tricks: Step-by-Step Activities to Engage, Challenge, and Bond with Your Puppy, 1st edition by Kyra Sundance

ISBN 978-1-59253-571-2

Copyright©2009 by Kyra Sundance

Published by agreement with Quarry Books,an imprint of The Quarto Group through CA-LINK International LLC.

All rights reserved.

本书中文简体字版由The Quarto Group授权化学工业出版社独家出版发行。

本书中文简体版权通过凯琳国际文化版权代理引进。

本版本仅限在中国内地（不包括中国台湾地区和香港、澳门特别行政区）销售，不得销往中国以外的其他地区。

未经许可，不得以任何方式复制或抄袭本书的任何部分，违者必究。

北京市版权局著作权合同登记号：01-2019-3392

图书在版编目（CIP）数据

幼犬训练，一本就够了/（美）凯拉·桑德斯（Kyra Sundance）著；叶红卫译.
一北京：化学工业出版社，2019.8（2025.4重印）
（凯拉·桑德斯狗狗训养系列）
书名原文：51 Puppy Tricks: Step-by-Step Activities to Engage, Challenge, and Bond with Your Puppy
ISBN 978-7-122-34689-6

Ⅰ.①幼…　Ⅱ.①凯…　②叶…　Ⅲ.①犬-驯养　Ⅳ.①S829.2

中国版本图书馆CIP数据核字（2019）第118887号

责任编辑：王冬军　张丽丽　葛若男　　　　　　　封面设计：红杉林文化
责任校对：张雨彤

出版发行：化学工业出版社（北京市东城区青年湖南街13号　邮政编码100011）
印　　装：北京利丰雅高长城印刷有限公司
787mm×1092mm　　1/16　　印张11　　字数115千字
2025年4月北京第1版第10次印刷

购书咨询：010-64518888
售后服务：010-64518899
网　　址：http://www.cip.com.cn
凡购买本书，如有缺损质量问题，本社销售中心负责调换。

定　　价：59.80元　　　　　　　　　　　　　　　版权所有　违者必究

它是你的朋友、伙伴和守护者，它是你的狗狗；你是它的生命、爱人和主人。它永远对你真诚、忠实，直到心脏停止跳动的那一刻。它，值得你为之倾情付出。

"我想打瞌睡了。"

目 录

我们希望这本书不仅能帮助你训练狗
狗技能，还能让你"和狗狗一起收获
更多"！

——凯拉·桑德斯与杰迪

写在前面的话

当你第一次将一只小狗狗带回家时，这个小家伙就成了家庭的一分子。通过努力教会小狗狗第一项技能，你与它的亲密关系就向前迈进了一大步。

你在使用本书中的正向训练法的过程中，狗狗会积极主动配合，你和它的相处也会变得其乐融融。技能训练可以加强你们之间的沟通，促进相互信任和尊重。你们为共同的目标齐心协力，为取得的成绩欢呼雀跃，彼此之间会变得更加亲近，在此过程中形成的信任与合作精神会受益一生。

衡量狗狗训练的成绩，不仅要看到它学到的技能，还要看注意力和专注力的提高。至于学习的进度，每只狗狗都不一样。但是，请记住，你是它的主人，训练成功与否，你最有发言权。目标是要有的，毕竟它能激发学习动力，但最大的收获莫过于训练过程中通过朝夕相处而培养的情感纽带，同时，不要因为太专注于目标而错失了过程中的乐趣！

"今天事情太多，
忙得我焦头烂额！"

入门必读

技能训练要寓教于乐

技能训练可以提升狗狗的智力水平，因为要接受新挑战，学习新东西。早期训练情况会为狗狗的未来训练定下基调，所以训练时要寓教于乐，及时奖励，这对狗狗来说至关重要。

不要把训练当成负担，否则狗狗会把训练和无聊联系在一起。要多点欢乐、多点热情、多点鼓励！每次训练结束后再玩几分钟，淡化训练和玩耍的界限。

狗狗训练动作到位时，就要大声称赞，这对它来说就是极好的奖励。称赞时要提高音调，充满激情，大声说："你真棒！"

别灰心丧气

技能学习非一朝一夕，需要不断重复练习。开始学习一项新技能，狗狗可能会扭扭捏捏，磨磨蹭蹭，且对你手中的食物心心念念。如果训练过程让你感到恼怒或沮丧，最好的办法就是暂时走开。当你垂头丧气时，狗狗也会有所察觉，你肯定也不想它一到训练时就耷拉着脑袋。

每次训练的时间不宜太长

狗狗保持注意力的时间很短。每次训练时间不宜太长，以免它失去兴趣。对于大多数狗狗来说，可以每次训练5分钟，每天训练几次。

在意犹未尽时结束训练

尽量在狗狗玩得很开心，还没有厌倦或感觉疲劳之前就结束训练。这次训练结束时感觉意犹未尽，它就会对下次训练充满期待。

在信心满满时结束训练

在狗狗圆满完成任务、扬扬得意时结束训练，有时候为了让它找到这种良好感觉，甚至可以重复以前已经熟练掌握的技能。让它展示某项得心应手的技能，对它兴高采烈地夸赞一番，然后结束训练。

幼犬训练基本知识

本书适用多大的"幼犬"？
本书中的技能训练可针对8周至2岁大的狗狗，没有其他要求，不过年幼的狗狗要从"初级"技能开始训练。

训练一只幼犬需要多长时间？
狗狗学会的技能越多，它学习新技能的速度就越快。本书中每项技能的学习都有一个环节，即对于训练，你的"预期效果是什么"。掌握一项新技能，通常要重复100次。不同狗狗的学习方式、学习速度都不同，所以如果没有收到立竿见影的效果，也千万不要灰心丧气。

"我们盛装打扮一下怎么样？"

通过正向强化法学习技能

正向强化训练法是训练狗狗技能最简单、最有效的方法。所谓正向强化法就是对狗狗的良好行为给予奖励。你让狗狗学习一项新技能，并给予奖励，它就会重复这项技能。

正向强化法能增进你与狗狗之间的关系，因为在训练时气氛和谐，更多的是鼓励与配合，而不是压力与恐惧。狗狗会以积极的态度参与训练，并且乐于与你一起训练。通过正向强化训练所形成的信任与合作精神会融入狗狗的生命之中。

用食物作为奖励

对狗狗来说，虽然玩具、玩耍或口头表扬都可以作为奖励，但我们通常还是选择最受欢迎的食物，并且食物发放起来也很方便。可以使用鸡肉、牛排、奶酪、金鱼饼干、面条或肉丸等"人类食物"作为奖励，以激发狗狗额外的学习动力。用作奖励的食物要柔软、美味、大小适宜，以方便吞咽。

试着把热狗切片装盘，用纸巾盖住，再放入微波炉加热3分钟，从而做出一道美味可口的食物奖品！

奖励成绩，忽略其他

提高狗狗通过试验解决问题的能力是训练的关键技能之一。鼓励狗狗尝试各种行为，让它学会（通过奖励）分辨对错。

如果狗狗某个动作做错了，最好的方式就是先忽略掉其错误的部分，而不是加以惩罚。如果每次狗狗犯错，你都说"不"，它就会变得不愿意尝试任何东西。大多数狗狗宁愿什么也不做，也不愿犯错。

通过培养自尊和学习动力来激发狗狗的训练热情。多关注积极的方面，你将会帮助狗狗变得越来越优秀。

过度兴奋时要使其镇静

在训练过程中，如果狗狗变得过于兴奋，你需要让它冷静下来，重新集中注意力。正确的方式是，你慢慢把手臂放在身体两侧，把目光移开几秒钟，这等于向它传递（不是通过训斥或打击）信息——再这样下去不会得到奖励，要冷静下来，集中注意力。通常几秒钟的时间足以让它逐渐平静，这样方可继续训练。每次狗狗变得过度兴奋时，都要去重复这个过程。

幼犬训练技巧

训练幼犬和训练成年犬的方法不一样。幼犬比成年犬身体更柔软，而且它们不太熟悉人类的言语和行为。即便你以前训练过成年犬，训练幼犬时仍要注意调整方法。

多引导，少操控

要让狗狗做出某种姿势，我们有两种常见的方法：通过食物奖励来诱导，或操控它的身体使其强行就范。你很容易习惯性地操控狗狗的身体，因为这样更快、更准确，但实际上这会延缓学习过程。使用控制狗狗这种方法，你其实是在鼓励狗狗放弃主动，放弃接受引导。它不需要动脑子，也不需要学习必要的运动技能来调整自己的身体位置。在可能的情况下，要优先选择引导狗狗自己去调整身体姿势的方法。

注意捕捉时机

在学习过程中，狗狗可能会扭动身体，或尝试各种不同的姿势。你需要及时让它知道所做的每一件事是成功（给予奖励）或失败（不给予奖励）。为了帮助它理解目标行为，关键是要在它表现正确的那一刻及时给予奖励。准备好手中的食物，在狗狗表现正确的那一刻奖励给它。不要在它做出正确行为 5 秒钟后再奖励，因为狗狗可能会不明白为什么得到奖励。不管教什么技巧，最关键的就是在狗狗表现成功的那一瞬间及时给予奖励。

奖励标记和响片使用

有时候可能很难做到在狗狗做出正确动作的瞬间给予奖励。例如，狗狗正在学习跳铁环，你就不能在它穿过铁环的那一瞬间给它食物奖励。

然而，你可以在那一刻说出某个特定的词，或发出某个特定声音，让狗狗知道它赢得了奖励。我们把这种特殊的声音称为奖励标记。对奖励进行标记后，随之而来的就是食物奖励。

响片是一种手持设备，有一个金属舌，点击它就会发出"咔哒，咔哒"的响声。在狗狗训练中，它常被用来发出标记奖励的声音。

你可以使用一个独特的词汇（例如"好！"或"真棒！"）作为奖励标记，但使用响片声往往比用某个词更适合狗狗训练。狗狗们没有什么经验，还不会区别你说出的词语。因此某个特定的词对它来说不如响片发出的声音独特。响片还具有短小、清晰、声音一致等优点——每次听起来都完全一样。（参见第 2 页，"响片反应"）

"我喜欢它，
因为闻起来
有你的味道！"

后退和前进

狗狗因动作到位而得到食物奖励，就会有所收获。反之，从失败的尝试中狗狗学不到任何东西。所以作为一名训练员，你需要帮助它获得尽可能多的成功尝试。要做到这一点，首先应把成功的标准定得尽量低些。在学习过程中，对每前进一小步都给予奖励，这样狗狗就会体验到很多的成功尝试。

加码

狗狗刚开始学习的时候，哪怕有一点点进步，你也要给予奖励。随着狗狗不断成长，你会逐渐对狗狗的一些行为表现提出更高的要求。通过这种方式，我们逐渐将基础动作改进成更高端的动作。我们将之称为"加码"。

第一次教狗狗摆动爪子的时候，只要爪子稍微动了下，就给予奖励。一旦它掌握了窍门，你就要提高要求，等它把爪子举得更高或持续更久，才能得到食物。

经验法则：每次一旦取得大约75%的成功概率，你就可以加码，即对狗狗提出更高的技能要求来赢得奖励。

以退为进

想要狗狗保持训练的积极性，关键是要对它不断提出挑战，并让它经常取得成功。尽量不要让狗狗连续两三次以上犯错，否则它可能会灰心丧气，不愿再表现。如果狗狗有些吃力，那就暂时降低成功的标准，退回到某个更为简单的环节，让它可以重新找回成就感。

行为学习的过程不是线性的，狗狗训练会经历无数次的前进和后退。不要舍不得花时间后退一步——这通常只需一小段时间，却会让狗狗重拾前进的信心。如果狗狗在训练的某一个节点卡壳而变得不自信，千万不要将训练过程强行推进。相反，后退几步，让狗狗表现出最大程度的自信，然后再次启程，开始培养新的技能。

如何使用本书

随便从哪里开始都行！每项技能都包含难度等级、小贴士、疑难解答以及预期效果等部分，预期效果部分给出了每项技能训练的预计时间。你们可以在同一个训练阶段同时练习几项新技能。

使用语言还是手势？

在可能的情况下，语言提示和相应的手势技巧都会在书中列出。随着时间的推移，狗狗都能学会对其作出反应。事实上，大多数幼犬对手势要比对语言提示反应更快。

本书所列出的语言和手势都是专业的。手势看似随意，但其实是从幼犬最初训练时使用的诱导动作演变而来。抬起手表示"坐下"，这一手势就是从最初抬手以食物诱导演变而来的。手心向下表示"趴下"，最初也是用来示意地板上有奖励。手腕向右摆动，这一手势是你教狗狗"旋转"时划大圈的简化版。

开始训练吧！

现在就和你的新爱犬一起踏上一段精彩刺激的冒险之旅，拿起你的食物袋，带上狗狗最喜欢的玩具和这本书……让我们开始训练吧！

"主人说我很特别，
因为我身上有很多斑点。"

训练装备

几件合适的训练装备会让训练更加顺利。

食物奖品

使用柔软、美味、豌豆大小的食物，方便狗狗快速吞咽。

食物袋

宠物店出售一种能够夹在裤子上的零食袋（也叫诱饵袋）。能让你在手上食物用完的时候快速掏出食物，而不是在口袋里掏半天。

短绳套

短绳套就是一根短绳（这样狗狗的爪子就不会被缠住）。可以挂在狗狗的项圈上，因为足够短，所以不会妨碍狗狗运动。短绳套可以在训练时让狗狗摆脱牵引绳，但在需要的时候，又能控制住它。

响片

在本书中，你将学会使用响片作为奖励标记来教授狗狗一些技能。响片的声音能让狗狗知道什么时候表现正确。大多数宠物店都能买到物美价廉的响片。

积极的态度！

最重要的训练装备是你的赞美与鼓励！

幼犬训练 10 个小贴士

1. 用作奖励的食物要美味可口。

2. 一旦狗狗动作到位，要及时给予奖励。

3. 如果不能立即奖励，点击响片作为标记，随后立即奖励。

4. 多多鼓励——声音要响亮。

5. 每次训练以 5 分钟为一节。

6. 奖励正确行为，忽略其他。

7. 保持前后一致性。

8. 在意犹未尽中结束训练。

9. 要有耐心——别想一夜之间成功。

10. 训练时寓教于乐！

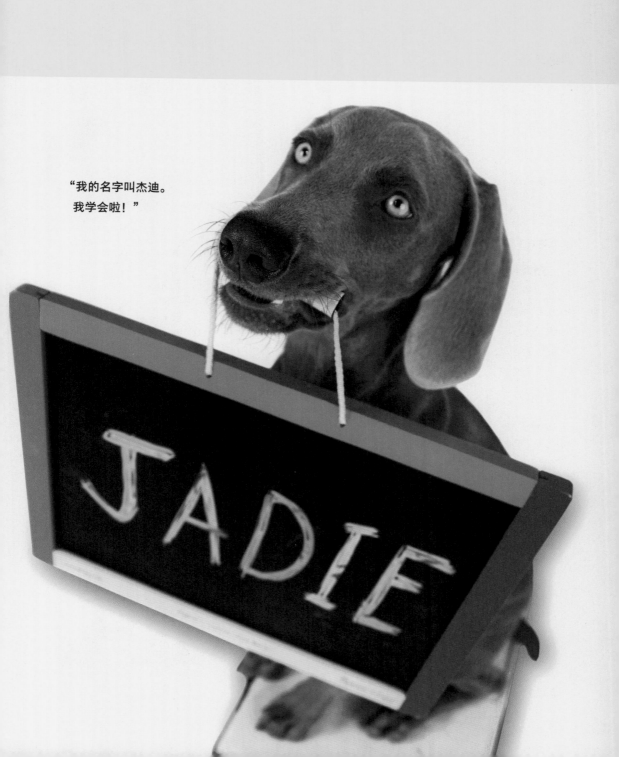

"我的名字叫杰迪。
我学会啦！"

第 1 章

基本技能

幼犬训练，要从基础技能开始。本章的目的是教会小狗狗把注意力集中到你身上，并学会做一些基本的反应。这些技能可以让小狗狗认识正向强化的概念，并对你的提示做出反应以获得奖励。这些基本技能有助于为狗狗建立终身受用的能力提升模式。

在本章中，小狗狗将学会对响片做出反应，关注你的眼神，并根据你的提示控制自己的行动。

在教授这些基本技能时，你需要不停地吸引狗狗的注意力。教狗狗明白自己的名字，这样你就可以引起它的注意。用开心的、高昂的声音喊出它的名字，这将会鼓励它看着你。如果它做到了，给予它奖励、称赞，或做一些有趣的事情，例如投掷一个玩具！

听到有人叫自己的名字，这会给狗狗带来积极亲切的感觉。它应该会报以热情回应，而不是犹豫或恐惧。将狗狗的名字与称赞联系在一起，偶尔也可以在它平静、自信或注意力集中的时候叫它的名字。

不要把狗狗的名字与责备联系在一起，也不要在它处于紧张、害怕或好斗的状态时叫它的名字。

响片反应

提示

（咔哒）

作为一种幼犬训练工具，响片具有很高的价值。为了利用好这个工具，必须先教会狗狗对响片发出的声音做出反应，要做到这一点，需要在响片声音和食物奖励之间建立起联系。我们称之为"激活响片"。

"我喜欢奖励！"

训练步骤：

1. 响片是一种可手持的、拇指大小的工具，有一个金属舌，按下时会发出"咔哒"的声响。响片在宠物店随处可见。可使用弹性腕带或橡皮筋将其套在手腕上以方便使用。

2. 在口袋或狗粮袋里放大约 20 份小零食，在狗狗身边随意走动，但不要发出任何口令。偶尔点击响片，间隔时间可以随机。

3. 点击响片后，立即给狗狗一份食物。试着在点击响片后两秒钟内喂食，以便在响片声和食物之间建立起联系。

预期效果：

用不了多久，一听到响片声音，狗狗就会围着你转——这表明它已经建立起了这种联系。在几分钟（或 20 次左右的响片练习）之后，狗狗会对响片声做出反应，这说明它已经做好准备，你可以开始使用这种工具对它进行技能训练了。

疑难解答

我不确定什么时候点击响片

在此阶段，目标仅仅是在响片声音和食物奖励之间建立起联系，所以点击时间无所谓对错，重要的是每次点击后立即喂食。

小贴士！

一旦狗狗学会了如何对响片做出反应，你就可以在训练中使用这个工具了。

使用响片有 3 条规则：

1. 如果你想对狗狗某一行为给予鼓励，先点击响片作为提示。

2. 在狗狗做出正确动作的一瞬间点击响片。

3. 每次点击后都要喂食（不要连续多次点击）。

① 将响片用腕带系在手腕上，以方便使用。

咔哒

② 随意点击响片。

③ 点击后立刻喂食。

碰碰手

教狗狗用鼻子碰碰你的手。以后你想让狗狗来你身边的时候，这项技能会派上用场。

口 令
碰
手 势

"我每天都要刷毛，脏了还会洗个澡。"

训练步骤:

① 一只手握住响片,另一只手手指间夹着一份零食,手掌放平,掌心朝向狗狗。同时,嘴里说着"饼干"或其他能让狗狗理解的可以得到食物奖励的词汇名称,以吸引狗狗注意力。

② 大声说"碰!"以鼓励狗狗获取食物奖励。

③ 在感觉到它的鼻子碰到手时,点击响片,让它明白正是这个动作使它为自己赢得了食物。让它从你手里接过食物,重复几次这个练习。

④ 现在试一试,手指不要夹着食物,伸出手,对它说"碰!"当狗狗碰到你的手时,点击响片,然后从口袋里掏出一份食物喂给它。

预期效果:

每天练习 10 次,几天后狗狗就能学会这项技能!

疑难解答

我的狗狗只对口袋和食物感兴趣

重新用手指夹住食物,让它把注意力再次集中在你手上。如果这不起作用,可以试着把食物放进一个碗里,再把碗放在附近它够不着的地方,但你仍然可以很容易地拿到的柜子上。

小贴士!

狗狗跑开了吗?伸出你的手并喊"碰!"它就会跑回你的身边!

① 让狗狗看到你手间夹着的食物。

② 对着狗狗大声鼓励说"碰!"

咔哒

③ 它的鼻子碰到你的手时,点击响片,然后让它从你手里接过食物。

咔哒

④ 试试手指不要夹着食物,当狗狗碰触到你的手时,再点击响片。

看着我

口 令
注 意
手 势

当狗狗的眼睛看着你时，就说明它在注意你。教狗狗直视你的眼睛，以此来引起它的注意。

"和我玩，和我玩，和我玩嘛……"

训练步骤：

1 身体下蹲，和狗狗保持同一高度。一只手拿着响片，另一只手拿住食物放在狗狗面前，与其视线齐平。

2 慢慢把食物移向你的眼睛，用冷静的、拖长的声音提示"注意……注意……"

3 一旦狗狗和你有一两秒钟的眼神接触，点击响片，然后给它食物。你当然希望狗狗能成功做到，因此试着在它即将失去兴趣和移开目光之前点击响片。如果它表现出色，你可以要求凝视时间更长一些，然后才点击响片。

4 开始逐步停止将食物抓在手上，用食指指向自己的两眼之间，同时说"注意"这个词来提醒它看着你的眼睛。一旦有眼神交流，立即点击响片并喂食。

预期效果：

幼犬的视力要到 9 个月大的时候才能完全发育，所以非常年幼的狗狗就很难把注意力集中在你的眼睛上。害羞的狗狗看着你的眼睛时可能会犹豫不决，也许是因为它们觉得这样太直接。这项练习对那些胆小的狗狗特别有帮助，大多数狗狗可以在几天内学会眼神交流。

疑难解答
我的狗狗不会看着我的眼睛

坐在地上，并和狗狗保持同一高度，眼神不要太凶。温柔地和它说话，并且每天进行练习。看不看你的眼睛由它自己决定——不要强迫它。

小贴士！

养成习惯，每次奖励食物之前要让狗狗平静一会儿，例如出去散步前走到门口时，或在用餐时间面对食物盘时。一旦狗狗能与你保持一两秒钟的眼神接触，点击响片并给予奖励。这样可以让狗狗学会自我控制，明白这种平静、细心的行为会得到奖励。

① 用食物吸引狗狗的注意。

② 一边说"注意"，一边缓慢将食物朝你的眼睛方向移动。

咔哒

③ 一旦狗狗和你有眼神接触，点击响片并喂食。

咔哒

④ 用手指来作提示。

放松

口 令
放松

"我今天表现很棒。"

教狗狗学会平静下来。这样会让它习惯受到约束，并且方便对它进行清洗或检查。

训练步骤：

1 选择一个狗狗疲惫、安静的时间，轻轻地抱起它、搂在怀里。坐在地板或床上稳稳抱着它，以免它在你怀里扭动的时候一不小心掉下来。轻轻地抚摸它，给它一种轻松愉快的体验，用柔和的声音说"放松"。

2 "放松"练习还有一种方法，就是你伸直双腿让狗狗躺在上面。面对面抱起它，慢慢让它躺到腿上。如果狗狗扭动，轻轻按住，让它保持躺的状态，直到放松下来。不要增加压力，但要保持冷静和前后一致。如果你耐心点，它最终会放松的，一旦它放松下来，你就可以松开手。

预期效果：

幼犬面对约束时的忍耐力各不相同。一开始，只要狗狗放松几秒钟，你就给予称赞并松开手。当它逐渐习惯这项运动时，可以试着让它放松 20 秒钟。

疑难解答

我的狗狗就像蠕虫一样不停扭动！

有些狗狗格外好动。对于特别活跃的狗狗，等它已经开始休息时进行这项练习。只需要狗狗有几秒钟的放松，你就松开手。不要在狗狗扭动的时候松手，让它平静下来后再放手，否则它就学会一直挣扎来挣脱你的手。

小贴士！

如果你的狗狗扭动得特别厉害，试着让它侧身躺着，而不是仰卧。

① 将狗狗搂在怀里。

② 面对面抱着。

让狗狗坐在腿上。

让狗狗向后仰卧躺下。

一旦它放松后，你也可以放松双手。

回窝

口 令

回窝

每次对狗狗说"回窝"，
它就会乖乖回到窝里去。

"有时候我喜欢
在窝里睡觉，
不想睡时我就会汪汪叫。"

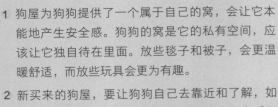

训练步骤：

1 狗屋为狗狗提供了一个属于自己的窝，会让它本能地产生安全感。狗狗的窝是它的私有空间，应该让它独自待在里面。放些毯子和被子，会更温暖舒适，而放些玩具会更为有趣。

2 新买来的狗屋，要让狗狗自己去靠近和了解，如果它感到满意，就在里面扔些零食并告诉它"回窝"。一旦它进去了，马上给予表扬。

3 一旦它开始期待听到"回窝"这个命令，可以先不要在窝里面放食物，等它进去后，再立即表扬并给予食物奖励。记住要等它进入狗屋后再喂食，这是你需要不断强化的地方。

4 你可以给狗狗一个装有花生酱的漏食球玩具，让它在窝里快乐地忙活半天。

预期效果：

一旦养成习惯，狗狗会期待回窝，当然还期待有睡前夜宵。

疑难解答

我的狗狗不肯进入狗屋

永远不要强迫狗狗进入狗屋里，否则它可能会产生抵触情绪。要有耐心，给它时间让它自己去了解。如果让狗狗自己去接近某个物体，而不是强迫它，那它对这个物体的恐惧会明显减少。

小贴士！

狗屋应该足够大，让它可以站起来、转身并能舒服地躺下去。

① 毯子和玩具可以让狗屋更温馨。

② 往狗屋里面放些食物。

③ 等它进去后再给予食物奖励。

④ 装有食物的玩具可以让它在窝里快乐地忙活半天。

过来

口 令
过来
手 势

"我有个朋友，
它是只猫咪，
有时喜欢抓抓挠挠。"

只要你一呼唤，狗狗就会
立刻跑到你身边。每次狗
狗听从命令来到你身边，
都要立即给予奖励，可以
是口头表扬、食物奖励，
或是陪它玩耍。

训练步骤：

1. 大多数狗狗在你叫它的时候都会迫不及待地来找你，所以幼犬时期是教授这项技能的最佳时机。对它说"过来"，然后蹲下来表现出兴奋的样子，拍拍腿、张开双臂，吸引狗狗向你靠近。

2. 狗狗过来找你时，好好奖励它吧！喂它零食，大声表扬他"很棒！"

3. 一边喊"过来"，一边跑开，让狗狗来追你。等它抓到你时，开心地给予奖励。记住，抓住你是对狗狗的奖励，所以一旦它做到了，要逗它开心！

4. 现在可以把训练从游戏过渡到指令，牵着狗狗，叫它"过来"。它若不过来，你就用绳索进行引导。不管是以何种方式，只要它过来了，都给予食物奖励。

疑难解答

我的狗狗跑开了！

不要去追逐狗狗，那样只会让它跑得更远。假装对地上的东西感兴趣，或者把玩具扔来扔去，并表示感兴趣。这会激起狗狗的好奇心，让它回到你身边。

小贴士！

当有好事时才叫"过来"，若有不好的事情（例如洗澡或修指甲）时不要用这个指令，这样它就会一直渴望过来找你！

预期效果：

一周时间狗狗就能明白"过来"的意思。让"过来"成为快乐的指令，每次它过来后都给予奖励（哪怕只是口头表扬或爱抚）。

① 拍拍腿、张开双臂，对它说"过来"。

② 它过来找你时，高兴地给予奖励！

③ 试着跑开让狗狗来追你。

④ 将游戏转变成指令，同时用绳索来强化行为。

别动

"你这样子好搞笑。"

让狗狗一直保持当前姿势
直到命令解除。狗狗可以
学会坐着、躺着，甚至是
站着不动。

训练步骤：

1 先教狗狗坐着不动。站在它的正前方，将你的手掌放在它的鼻子前方。用坚定的语气说"别动"。

2 后退一步，同时举起你的手，直视狗狗的眼睛让它待着别动。等一秒钟，然后迈步向前，表扬它保持得很好并奖励零食。一定要在狗狗坐着的时候表扬它，给它好吃的，它站起来时就不要给。

3 如果你还没解除命令，狗狗就移动了，你就把它放回刚才的位置。

4 逐步增加让狗狗保持不动的时间，同时增加你们之间的距离。你当然希望狗狗能成功，但如果它没有达到要求，就退回到它可以完成的距离或时间。

预期效果：

幼犬需要时间来学会自我控制。所以只对它提出力所能及的要求，随着逐渐成熟，它保持不动的时间也会持续更久。

疑难解答

我的狗狗总是站起来

在教授这项技能时，尽量少用语言交流。语言会唤起行动，而你想要的是让它别动，所以你的动作幅度也要轻微缓慢些。

狗狗在我解除命令前一秒移动了

在把食物给它之前，不要让它看到食物，因为那样会吸引它前进一步。变换训练模式：有时候可以回到它身边又走开，但没有奖励。

小贴士！

如果想要狗狗立即行动，可以叫狗狗的名字（"莫莉，过来！"）；如果想要它保持不动（"别动！"），就不要叫它的名字。

① 抬起手并命令它"别动"。

② 保持手势，后退一步。

③④ 用眼睛注视狗狗，让它保持不动。

前进一步，给予食物奖励。

找我

你躲起来，让狗狗
听名字来找你，如果
它找到了就给予奖励。
这个游戏能教会狗狗听懂
你的名字，也会让它把找到
你看作一种奖励。

"我可擅长找东西了，
有一次我在院子里
找到这么个好东西。"

训练步骤：

1. 让游戏充满快乐和活力，让狗狗尽情玩耍！在口袋里放一些零食，以便狗狗分心或溜出房间时使用。

2. 兴奋地对狗狗喊"来找（你的名字）!"注意狗狗的脚步声，如果没有听到它向你跑过来，可以再喊一次。

3. 一旦狗狗找到你，和它一起狂欢吧！给它欢笑，给它赞美，给它零食。然后说"找到（你的名字）啦，好棒！"让它加深对你名字的印象。

预期效果：

这项技能的教学是寓教于乐的典范！大多数狗狗都喜欢这个游戏，它们找到你后会非常兴奋！狗狗嗅觉成熟后，会用鼻子嗅出你的位置，那时候你想要找到好的隐藏地点可就没那么容易了！

疑难解答

狗狗找不到我时，会焦急地嚎叫

如果狗狗到处找都找不到你，它可能会变得焦虑。这时你可以通过拍手或稍微弄出点声响来提醒，这样它就能发现你。当然如果有点挑战性，成功找到你会让它感觉更加美妙。

小贴士！

帮助狗狗熟悉其他家庭成员的名字，让家庭成员藏起来，然后喊名字让狗狗去寻找。

① 乘狗狗不注意时留到室外。

② 对狗狗说"来找（你的名字）!"

③ 一旦找到，和它庆祝一下。

给它食物奖励。

第 2 章

身体姿势

"哎呀！等等，我再试试。
看到没？我行的！"

爪子、腿、头和嘴可以组成不同的身体姿势，幼犬可以学会每个姿势的名称。教狗狗抬爪子、坐下或翻身等姿势，这些姿势的名称会成为你和它交流的通用语言。

本章中的一些技巧需要良好的体力和协调性，幼犬可能还不具备。对幼犬来说，爬行、鞠躬和翻身要比坐下、跪下或抬起爪子要困难得多。对于自信、善于交际的狗狗来说，有一些技巧，例如吠叫或唱歌，会变得更容易。

有时候你会很想去控制狗狗的身体，例如在教它握手的同时抬起它的爪子，但如果你给它时间，让它自己调整身体姿势，对它会更有好处。

我们经常引导狗狗将头部转向某边，以此来让帮助它摆好姿势，这种技巧如使用得当会非常有效。仔细观察图片，可以帮助你确定位置，并且在合适的地方给狗狗奖励食物。

"看看我能做什么。"

坐下

"我今天洗了个澡，
　　然后跑了一圈又一圈。"

"坐下"通常是
狗狗学到的第一项
技能，幼犬通常在
8 周大时就能学会。

训练步骤：

1. 单腿屈膝蹲在狗狗面前，一只手拿着响片，然后另一只手拿着一份食物放在狗狗的鼻子前。

2. 对狗狗说"坐下"，慢慢地按弧形移动食物，向上抬高然后再到狗狗的头后面。这会引导狗狗鼻子向上抬起，臀部向下着地。这里有个小窍门：首先用食物诱导它将鼻子抬高，然后再向下移动食物，从鼻子方向移到尾部。

3. 一旦它臀部着地，按下响片并松开手中的食物。

4. 如果发现狗狗在跳跃，那可能是因为你把零食拿得太高了。如果狗狗一直向后移动，可能是因为你在按水平方向而不是圆弧形移动食物。

5. 如果狗狗一直坐着，等几秒钟再点击响片并喂食奖励。

预期效果：

大多数幼犬在几天内就能掌握这一技巧，当然要始终如一地做好这一动作，通常需要 100 次重复练习。

疑难解答

我没法让狗狗坐下

有些狗狗格外好动，可能需要一段时间才能最终学会坐下来。有时可以在一堵墙前面进行练习，效果会更好，因为这样狗狗就没有后退空间了。

小贴士！

记住，只有当狗狗坐下的姿势正确时，才能给予奖励。

① 将食物放在狗狗鼻子前。

② 引导它将鼻子向上抬起，然后向后移动，使其臀部着地。

③ 一旦臀部着地，点击响片并给予食物奖励。

④ 不要将食物拿得太高，也不要将食物朝水平方向移动。

⑤ 让狗狗"坐下"，然后等几秒钟再点击响片并给予奖励。

趴下

口　令
趴下
手　势

"我喜欢小方冰块，
　喜欢边玩边嚼。"

教狗狗趴下（哪怕只是片刻），这项
技能狗狗在很小的时候就能学会。

训练步骤：

1 跪在狗狗旁边。把手上的零食展示给它看，然后快速地把零食移到它的前爪下方。

2 狗狗鼻子开始跟着零食移动，鼻子会移到两只爪子之间，这个姿势会让它很不自在，最终只能趴下。如果你的狗狗没有马上趴下，将零食继续在地板上朝它移动。它的身体会更不自在，可能需要一点时间，但狗狗最终应该会趴下。

3 一旦狗狗趴下，按一下响片，然后松开手中的零食。

4 练习几次之后，试着不要拿零食，直接用手指着地板。一旦狗狗趴下，点击响片，然后从口袋里拿出食物喂它。记得只在狗狗趴着的时候奖励食物，站起来后不要给。

预期效果：

幼犬通常需要 2 ～ 3 周的时间来学习这项技能。记得在狗狗趴下的瞬间点击响片，因为这可以帮助它了解为何得到奖励。

疑难解答

在有些地面上狗狗会趴下，有些地面则不会

注意地面的差异。短毛狗通常会抗拒躺在坚硬或冰冷的地板上，可试试在地毯或毯子上练习。

小贴士！

在狗狗稍微有点累时进行练习，这样它会更容易趴下。

① 将食物朝狗狗前爪方向移动。

② 将食物继续在地板上朝狗狗移动。

咔哒

③ 一旦狗狗趴下，按下响片并松开手中的零食。

咔哒

④ 试着不要拿零食，直接用手指着地板。一旦狗狗趴下，点击响片，然后从口袋里拿出食物喂它。

爬行

"小草扎我的肚子啦!"

这项技能要求狗狗向前爬行,同时肚子贴着地面。

训练步骤:

① 让狗狗先趴着,你侧跪在它旁边,把藏在手上的零食展示给它看。

② 拖长声音告诉它"爬……"同时慢慢地把零食移开。

③ 为了努力抓到零食,它很有可能会尝试用前爪在地上爬行一两步。一旦它这样做了,就点击响片并给它零食。

④ 慢慢拉长距离,在狗狗爬行好几步之后,再点击响片并给予奖励。

预期效果:

许多狗狗第一次训练后就能开始爬行。身材瘦长的狗狗爬行会比较困难,所有幼犬都需要增强体力才能爬得更远。

疑难解答

我的狗狗站起来了
零食奖励给得太早了。

我的狗狗不肯动
它可能不确定自己该做什么,你自己也要保持精神饱满呦。

小贴士!
狗狗更愿意在舒适的地面上爬行,例如草地或地毯。

① 把藏在手上的零食展示给狗狗看。

② 慢慢地把零食移开。

咔哒

③ 一旦它爬行一两步,点击响片并奖励零食。

咔哒

④ 拉长一点距离。

翻身

口 令
翻身

狗狗侧身翻滚，完成一次 360 度
的翻身。身材瘦小的狗狗有时更
容易翻身，但是所有狗狗都能学
会这项技能。

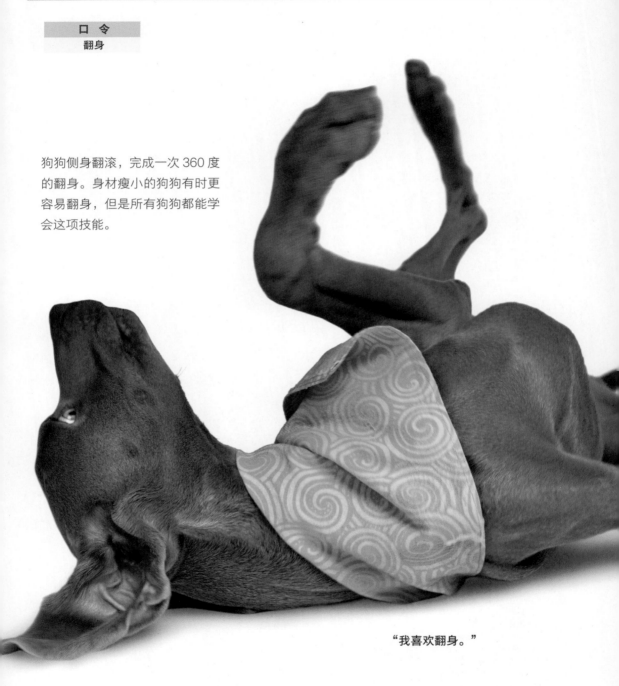

"我喜欢翻身。"

训练步骤：

① 在狗狗躺下时，面朝它跪下来。把食物放到它鼻子前面，然后移到头的一侧，与你希望狗狗翻滚的方向相反。

② 继续将食物移向肩胛骨。这应该会引导它侧倒在地，此时点击响片并给予食物奖励。

③ 准备好进入下一步，用你的手继续这个动作，把食物从肩胛骨移向脊椎位置。这会诱使它翻身，然后翻转到另一边。在另一侧落地的瞬间点击响片并给予食物奖励。

④ 随着它不断进步，你可以使用更灵巧的手势动作来提示它"翻身"。你也可以让自己的身体向希望它翻身的方向倾斜，以提醒狗狗要做什么，效果也不错。

预期效果：

每一次练习 5 ~ 10 次，几周后你的狗狗就会翻身了！

疑难解答

我的狗狗在扭动，但没有侧翻

这完全取决于你的手的位置，你要让它的脖子拱起来，就好像要用鼻子去碰肩胛骨。

我的狗狗侧身倒下，但没有继续完成翻身

用手抓住狗狗前腿，温柔地引导并帮助它完成翻身。

小贴士！

对于像斗牛犬这样短颈矮壮的狗来说，这项技能会更加困难。

"大部分时候，
　我都是到外面去便便。"

翻身

① 把食物从狗狗鼻子前移开……

移到它头的侧边。

咔哒

② 继续把食物朝它的肩胛骨方向移动。
（点击响片）

③ 将食物继续朝脊椎方向移动。

继续用食物诱导，直到它用背部翻身。

然后翻到另一侧。

在另一侧翻身落地的瞬间点击响片，并给予食物奖励。

咔哒

④ 使用更灵巧的手势动作，并提醒它"翻身"。

抬爪

"我和主人一起
去了狗狗培训班，
这样她也能学到东西。"

狗狗将学会抬起前爪，把爪子放
在盒子或结实的椅子等物体上。

训练步骤：

1. 找个结实的盒子或低矮的椅子，在其上方稍高一点儿的地方拿着食物作诱导，提醒狗狗"把爪子抬起来"。然后用另一只手轻拍盒子，引导狗狗把前爪抬起并放在盒子上。

2. 在狗狗的两只爪子都放在盒子上的瞬间点击响片，并给予食物奖励。

3. 一旦狗狗掌握了这一点，请你试着把零食放在食物袋里，并在没有食物诱惑的情况下给予提示。如果狗狗仍能把爪子放在盒子上，就点击响片并给予它食物奖励。

预期效果：

大多数狗狗第一次训练就能学会抬爪。有些狗狗胆子较小，可能第二天或第三天才能学会。

"不知道是什么东西，
反正我张嘴就吃。"

疑难解答

狗狗不踏上盒子

用手轻拍盒子，或用欢快的声音来鼓励它。如果刚开始它只学会放一只爪子，那也给予奖励。

我的狗狗跳到盒子上面或越过盒子

你把食物拿得距离盒子中央太远，试着离盒子边缘更近一些。

小贴士！

不要辜负狗狗对你的信任！如果你告诉它踩在盒子上，要确保盒子不会翻倒，否则可能会破坏它对你的信任。

① 用食物诱导狗狗抬爪，拍拍盒子哄它。

咔哒

② 一旦狗狗将两只前爪放到盒子上，就立刻点击响片并给予食物奖励。

③ 下一步，先不要用食物引导。等它会做了，再点击响片并从零食袋掏出食物给予奖励。

低头

狗狗把前爪放在床或椅子的边缘，
在两只前爪之间低下头。

"这是个意外。"

训练步骤：

1 首先，教会狗狗"抬爪"技巧（第 30 页）。你蹲在箱子前，狗狗站在你身边。靠近狗狗的那只手拿着零食，另一只手拿着响片。

2 用持有响片的那只手引导狗狗把爪子放在盒子上。

3 狗狗爪子抬起来后，你将握有食物的手从下面伸上来，诱导狗狗将头从两只爪子之间垂下来。

4 一旦狗狗看到食物后，会跟着食物低下头，这时可点击响片并奖励零食。开始的时候，只需要狗狗轻轻低头，确保姿势正确——两只爪子放在盒子上并低下头，你就给它食物。

5 随着狗狗不断进步，要求它低头并保持几秒钟，你再松开手中紧握的零食。

预期效果：
狗狗通常需要几个星期的努力才能理解这项技能。

疑难解答

我奖励零食时，狗狗一只爪子从盒子上掉了下来
把食物靠近它的鼻子，不要放得太低。你的手应该是从下面伸上来。

小贴士！
一定要在下方靠近狗狗胸口的地方给它零食，因为从上面喂会让它提前窥探到。

① 一只手拿响片，另一只手拿零食。

② 用持有响片的那只手引导狗狗把爪子放在盒子上。

③ 用手中的食物诱导狗狗低下头。

咔哒
④ 点击响片并松开手中的零食。

咔哒
⑤ 让狗狗保持低头姿势几秒钟后再给零食。

拉绳

许多狗狗都喜欢和主人玩拔河游戏，通过一起玩这个游戏，主人与狗狗之间的关系会更亲密。

一旦狗狗学会玩拔河游戏，你就可以用这项技能教它拉绳开门、开抽屉或玩具箱盖等。

"我力气最大！"

训练步骤：

1. 选择有弹性的长绳玩具，最好上面有些毛绒或皮革挂件。要是会发出吱吱声或有食物袋那会更有诱惑力。

2. 你先拿着绳子玩，看到你玩得开心，狗狗也会感兴趣。在地上任意拖拽玩具绳子，使它远离狗狗。如果狗狗犹豫不决，把绳子放在地上停一会儿，然后在狗狗靠近时候突然拉开，让绳子扮演想逃跑的猎物角色。

3. 一旦狗狗抓住了玩具，你就一边拉动绳子，一边发出口令"拉"。左右摆动绳子（而不是向后/向前拖曳），偶尔故意"猛拉"一下。如果绳索玩具从狗狗嘴里掉下来，重新摆弄绳子吸引它。如果狗狗不愿意拖拉，只要它一咬，就把绳子松开并表扬它。

4. 拉了几秒钟后，让狗狗把玩具从你的手中拿走，以作为奖励。

预期效果：

斗牛犬和猎犬天生就喜欢这个游戏，不过有时候所有狗狗都喜欢拖拽游戏。每天练习，不到一周狗狗就可以学会用力拉绳。

疑难解答

听说和狗狗玩拉拽游戏会激发攻击性

拉拽是一种猎食游戏，狗狗在拖拽的时候嗷叫并不少见。这不一定是侵略性行为，当然你肯定不希望狗狗太受刺激，所以如果它叫得很疯，那就结束游戏，把玩具收起来。

小贴士！

越是寓教于乐，学得就会越快。

① 为你的狗狗选择合适的拉拽绳玩具。　② 拿着绳子玩，吸引狗狗的兴趣。

③ 狗狗想抓的时候突然拖拽。　④ 让狗狗从你的手中拿走绳子。

亲吻

口 令
亲亲

"还有多久开饭呢？"

狗狗用舌头舔或用鼻子
碰你的脸颊来表示亲吻。

训练步骤:

① 坐下来和狗狗保持同一水平位置，让狗狗舔一点你手指上的花生酱。

② 让狗狗看着你往自己脸颊上抹一点花生酱。告诉狗狗"亲亲！"

③ 狗狗用鼻子或舌头触碰你的脸颊时，立即点击响片并奖励零食。

④ 让狗狗在脸颊上舔了几次花生酱后，试一次不抹花生酱，将零食放在背后，告诉狗狗"亲亲！"当它舔你或用鼻子碰你时，瞬间点击响片，然后把背后的零食奖励给它。

预期效果:

狗狗通常能在一周内学会这项技能，害羞的狗狗可能需要多点时间。

疑难解答

狗狗咬我的脸颊

幼犬有锋利的乳牙，还没有学会让牙齿闭合。咬紧你的牙关向它示范。如果狗狗不小心咬到你，发出"哎哟！"声并把它从你身边带走(你一定要待在原地，把它从你身边移开；如果你先走开，它可能会追你闹着玩)。

小贴士!

你的狗狗有"幼犬喘"吗？这是它长牙时嘴里流血的结果，给它一些冷冻蔬菜咀嚼可以减轻疼痛。

① 让狗狗舔你的手指。

② 往你的脸上抹点花生酱。

咔哒

③④ 在它碰到脸颊的瞬间点击响片。

侧耳

让狗狗侧着耳朵，
把头偏向一边，
然后给它拍一张
可爱的照片。

"我不喜欢修剪指甲，
所以我要么四脚乱踢，
要么马上跑开。"

训练步骤：

1 幼犬很难辨别出高分贝声调的来源，所以它们会竖起耳朵，把头偏向一边，以帮助自己找到声音的来源。选择一个能持续发出很大声音的玩具，也可以用一个充气气球，将开口拉伸成一个缝隙，这样当空气逸出时，就会发出尖叫声。

2 把玩具藏在背后并让其发出响声。听到声音后，大声问："什么声音？"

3 如果看到狗狗把头侧向一边，点击响片并奖励食物。

4 现在试试不用玩具。你自己大声模仿玩具发出的声响并问狗狗："什么声音？"一旦狗狗侧着耳朵听，点击响片并奖励食物。

预期效果：

有些幼犬更容易竖起耳朵，另一些则取决于它们的耳型以及它们对声音的反应。通常第一次尝试时，狗狗就会竖起耳朵。

疑难解答

我的狗狗没有侧耳听

尝试不同的声音，如"嘶嘶嘶——"的叫声，或有节奏的"咿咿咿 ——咿咿咿——咿咿咿"，或者模仿开门的声音"吱吱嘎嘎——"

小贴士！

狗狗第一次听到声音时反应最强烈，随着时间推移便会逐渐适应。

❶❷ 把玩具藏在身后并挤压出声音。

❹ 你自己发出响亮声音吸引它，并点击响片、奖励食物。

❸ 狗狗侧耳聆听时点击响片并奖励食物。

松绳散步

"希望我们随时
都能出去散步。"

教会狗狗在和你散步时,
保持牵引绳松弛不拉拽。

训练步骤：

① 用 1.8 米长的牵引绳拴着狗狗去散步。一只手牵着牵引绳，另一只手握着响片。

② 每当狗狗停止拉拽，牵引绳保持松弛时，点击响片并给予食物奖励。告诉它"散步咯！"这样它就会对"散步"这个词产生积极的印象。

③ 用正向强化法对狗狗散步时保持绳索松弛的礼貌行为进行奖励后，接下来就要告诉狗狗，不礼貌地拉拽是会受到惩罚的。狗狗向前冲，拉拽牵引绳时，要突然停下，不要让它拉着你往前走。

④ 狗狗最终会转身朝你走来，这时可点击响片并给予食物奖励。对它说"散步咯！"然后继续前进。

预期效果：

刚开始，你会发现自己经常需要停下来。如果你花了 10 分钟才走到车库，不要气馁，因为每次都会有进步。记得经常以取消食物作为惩罚，狗狗应该会在 2 ~ 3 周内在散步时表现得更好。

疑难解答

当它拉我的时候，是不是应该解开牵引绳？

不，你的目的不应该是伤害狗狗，而是教它不要通过拉拽达到目的。它会明白只要保持牵引绳松弛就能前进，一旦拉拽总是会停下来。

小贴士！

如果你让狗狗自由活动，可能需要取下它的项圈，或者用一个可以分离的项圈，这样它就不会被任何东西缠住。

① 一只手抓住牵引绳，另一只手握住响片。

咔哒

② 一旦狗狗让牵引绳松弛，点击响片并给予食物奖励。

③④ 如果狗狗拉拽牵引绳……

立即停止前进。

握手

口　令
握手
手　势

"主人说我会长成大块头，
因为我有一双大爪子。"

教狗狗讲礼貌，抬起爪子
和你握手，最终它可以学
会使用左右爪去握手。

训练步骤:

1. 一只手握响片,另一只手拿着零食并放低,把手放在狗狗前面的地面上。鼓励狗狗用爪子去接触,对它说"取东西""握住"。

2. 一旦狗狗的爪子离开地面,不管是否接触到你的手,点击响片,然后松开手中食物。点击响片的时机很重要。试着在它爪子离开地面,而不是放下的时候点击。要有耐心,因为狗狗可能需要好几分钟才能掌握这项技能。你可以试着轻轻敲击狗狗爪子的背面,提醒它抬起爪子。

3. 在狗狗成功地抬起爪子后,你可以提出更高的挑战,让它把爪子抬高些,当然给予的奖励也更大。将拿食物的手抬高些,并鼓励狗狗用爪子去抓住。一旦做到,立即点击响片并松手,让它得到食物奖励。再次提醒,要确保点击的时机恰当——在它的爪子和你的手接触的瞬间。

4. 一旦狗狗表现良好,可以尝试手上不要拿食物。直接伸出手,让狗狗"握手"。在它用爪子抓住你的手时,点击响片并掏出食物给予奖励。

预期效果:

有些品种的狗狗学得快些,但任何狗狗都能学会这项技能,且都憨态可掬。每天练习几次,每次都以饱满的热情完成练习。不到2周,狗狗就能学会礼貌地伸出爪子握手了。

疑难解答

我的狗狗不用爪子,而是用鼻子碰我的手

如果它用鼻子碰,不要理睬,既不奖励也不惩罚。它想用鼻子碰时,你可以把手移开,让它改变思路。只要它用爪子碰到手就可以奖励,即便同时也使用了鼻子。

小贴士!

大部分狗狗都有自己更习惯使用的那只爪子,教它握手时可以从它习惯使用的那只爪子开始。

"我喜欢的东西有:零食、热狗、冰块和毛茸茸的东西,我还喜欢追东西、撕咬、刨地和跳跃。"

① 把食物藏在掌心，手掌放低并鼓励
　　狗狗"取东西""握住"。

② 在狗狗抬起爪子的瞬间点击响片。

打开手掌，让狗狗获得食物。

③ 将手抬高，要求狗狗将爪子也抬高。
　　一旦做到，点击响片。

④ 手上不要拿食物，伸出手并提醒狗狗"握手"。一旦它抬起爪子放到你的手上，点击响片。

立马从食物袋中掏出食物，给予奖励。

"我忘了哪只是左手，
哪只是右手了。"

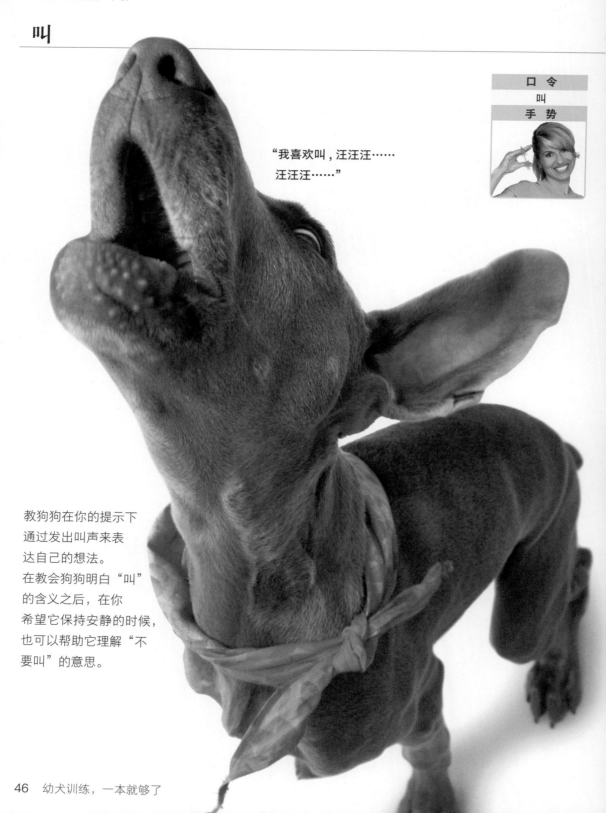

叫

口 令
叫
手 势

"我喜欢叫，汪汪汪……
汪汪汪……"

教狗狗在你的提示下
通过发出叫声来表
达自己的想法。
在教会狗狗明白"叫"
的含义之后，在你
希望它保持安静的时候，
也可以帮助它理解"不
要叫"的意思。

训练步骤：

1 要教会狗狗这项技能，你需要想办法引导它叫出声音来，然后给予奖励。狗狗常常会因为沮丧而叫唤。让狗狗兴奋起来，然后试着用食物逗它玩，例如说："想要吃吗？叫出来吧！"如果狗狗叫出声来，对它说："叫得好！"然后立即奖励食物。

2 如果食物行不通，不妨找别的东西试试。通常，敲打声会起作用，试着敲敲什么东西，然后提示它"叫"。

3 一旦狗狗发出叫声，你就立即奖励，并用"叫得好！"来加强暗示，重复这个过程5～6次。

4 接下来试着只给出口令，但不敲击任何东西。你可能需要几次提示才能让它叫一次。如果狗狗不叫，可返回到前面的步骤。

预期效果：
只要选择合适的东西刺激狗狗叫唤，通过一段时间它就能学会这项技能。

疑难解答
我找不到可以刺激狗狗叫唤的东西

试试这些：按门铃，用金属钥匙敲敲窗户，或你自己模仿狗狗的叫声，也可以用电脑或手机播放不同的警报声音。

小贴士！
除非应你要求，永远不要因它叫了一声而给予奖励。否则，它想要什么东西时，随时都会大叫！

① 用食物逗它玩："想要吃吗？叫出来！"

② 敲敲盒子，并提示它"叫"。

③ 一旦做到，立即给予奖励。

④ 试着只给出口令，不敲击盒子。

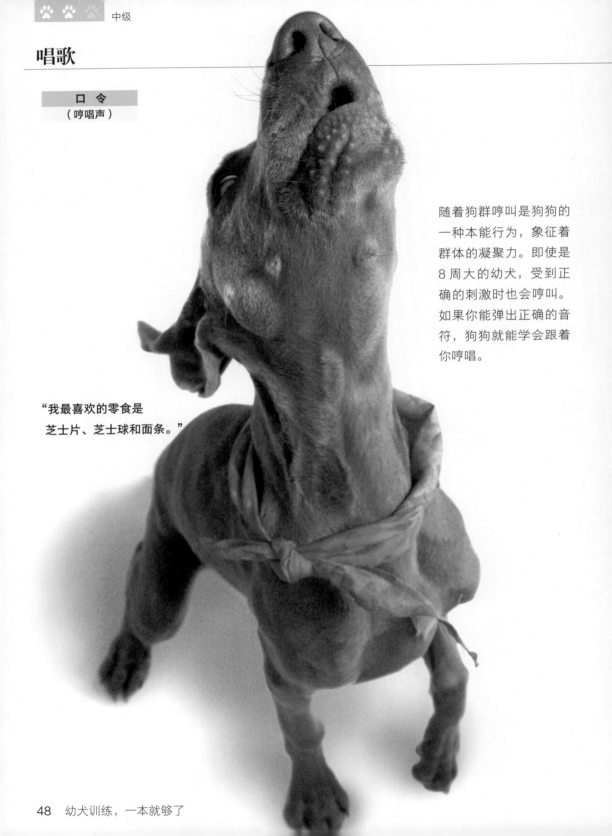

中级

唱歌

口 令
（哼唱声）

随着狗群哼叫是狗狗的一种本能行为，象征着群体的凝聚力。即使是8周大的幼犬，受到正确的刺激时也会哼叫。如果你能弹出正确的音符，狗狗就能学会跟着你哼唱。

"我最喜欢的零食是
芝士片、芝士球和面条。"

训练步骤：

1　狗狗听到自认为是哼唱的声音后，也会本能地跟着哼唱。能引起它们哼唱的声音通常是高昂响亮的，如警报器声、单簧管声和长笛声。我们可以用口琴来模仿哼叫声，因为价格便宜也不需要你有任何音乐才能。

2　吹口琴的高音部分，每个音吹几秒钟，然后换到另一个音。刚开始狗狗可能会烦躁不安：跳到你身上、撕咬、抓挠或汪汪叫。这对它来说是一次新的经历，它正在决定如何应对。几分钟后，它可能就会跟着哼叫。

3　一旦狗狗学会跟着口琴哼唱，可以尝试你自己发出声音引导它哼唱。嘴保持椭圆形，对着它唱"啊呜呜呜……"几秒钟后，逐渐减少音调变化并降低声音。

预期效果：
北方品种的狗狗和一些猎犬喜欢哼叫，更容易学会，不过所有狗狗都具有这种本能。

疑难解答
我可以跳过口琴这一步，直接用自己的声音吗？
这取决于狗狗的情况。通常用口琴比用你的声音更容易引起狗狗跟着哼唱。

小贴士！
一起哼唱可以增进感情，狗狗会喜欢和你一起唱的。

"我不干！"

①②　狗狗可能会对口琴声做出各种不同的反应。

③　用你的声音模仿哼叫声，狗狗可能会跟着你哼唱。

第 3 章

相互协作

"我真的喜欢嘴里有点东西，
有时候我会嚼一嚼，有时候
我直接就吃了。"

力量、自信和身体意识都需要时间来培养，但你可以通过本章的技能训练来帮助幼犬。你的小狗狗将面临各种挑战，如通过可怕的隧道，在摇摇晃晃的跷跷板上保持平衡，接飞盘等。通过各种不同的方式鼓励狗狗，让它按照自己的节奏克服每一个障碍。你们一起努力实现目标，相互关系也会变得更为亲密，付出终将有回报！

本章中的一些技巧需要狗狗跳跃。幼犬如果跳跃或扭动太多，会伤害生长中的骨骼。不同品种在不同的年龄可以承受的身体压力不尽相同，所以在鼓励狗狗跳跃之前，应该先咨询兽医。

此外，要确保练习时的地面不会太滑，以免狗狗滑倒或受伤。

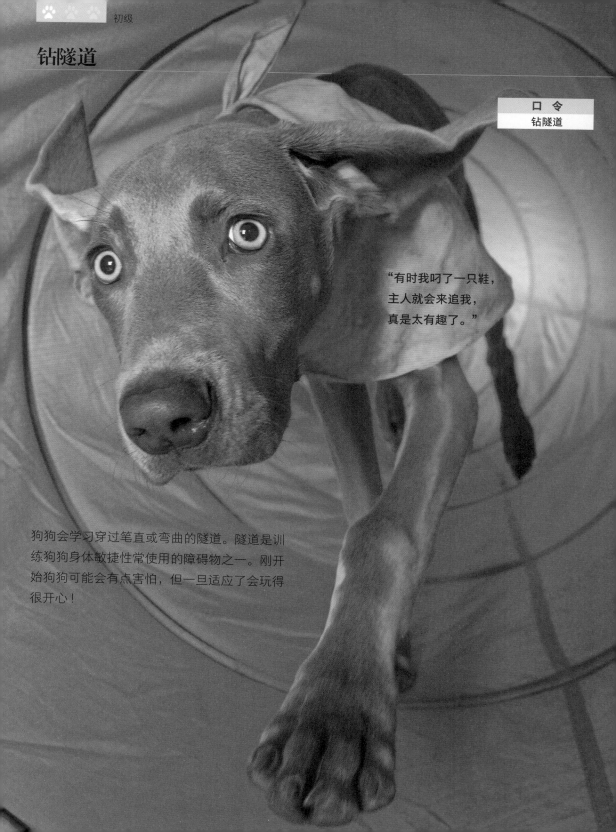

钻隧道

"有时我叼了一只鞋，
主人就会来追我，
真是太有趣了。"

狗狗会学习穿过笔直或弯曲的隧道。隧道是训练狗狗身体敏捷性常使用的障碍物之一。刚开始狗狗可能会有点害怕，但一旦适应了会玩得很开心！

训练步骤:

1. 让狗狗在熟悉的地方观察一条简短笔直的隧道。然后把狗狗放在隧道另一端,和它进行眼神交流,示意它穿过隧道。在隧道另一边拿着零食鼓励它说"钻隧道"。一旦它钻出隧道,奖励它零食。

2. 尝试更长的隧道。你坐在靠近入口的地方,把零食扔进隧道。

3. 一旦它进入隧道并往出口方向走,你要一直和它说话以便它知道你在哪儿。拍拍手,在出口处喊它,鼓励它穿过去。

预期效果:

多数狗狗喜欢穿过隧道,一旦习惯了,它们一有机会就会这样做!自信的狗狗可能在第一天就能钻过隧道,胆小点的可能需要更多时间。

疑难解答

我的狗狗在隧道里转了个180度弯,而不是直行

在隧道里扔一些零食,继续诱导它前进。

我的狗狗不敢进去

狗狗表现出恐惧时,不要太在意。多次穿过隧道后,狗狗会变得更加自信。

小贴士!

狗狗穿过时,可用沙袋把隧道固定住。

① 用零食哄狗狗穿过一个短小的通道。

当它出来后,给予食物奖励。

② 把食物扔进一个更长的隧道。

③ 一直和狗狗说话,以便它知道你在哪儿,它出来后给予食物奖励。

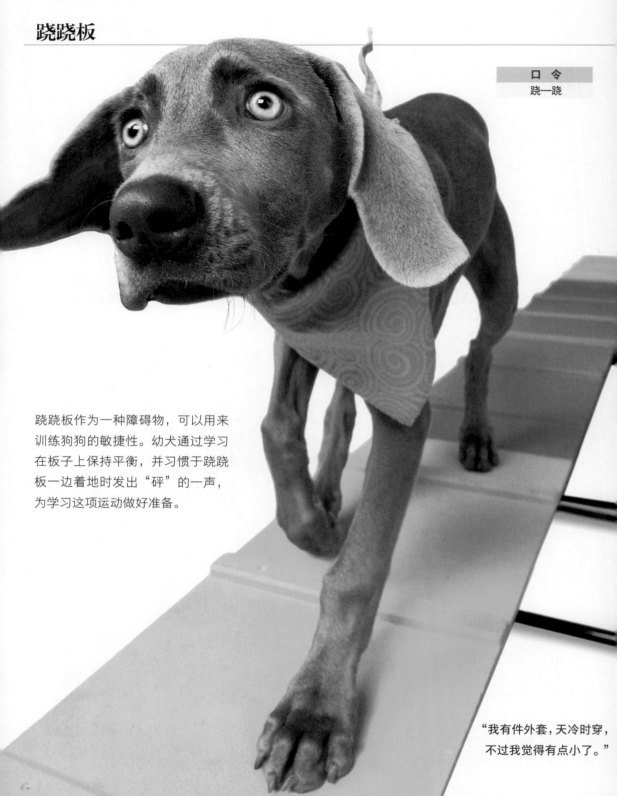

跷跷板

跷跷板作为一种障碍物，可以用来训练狗狗的敏捷性。幼犬通过学习在板子上保持平衡，并习惯于跷跷板一边着地时发出"砰"的一声，为学习这项运动做好准备。

"我有件外套，天冷时穿，不过我觉得有点小了。"

训练步骤：

1 一只手拿着响片，另一只手拿着食物。开始很简单，用食物把狗狗吸引到放在地上的木板上。当它一只爪子踏上木板时，按下响片，奖励食物。

2 用一根木条（5厘米×10厘米）垫在木板下方中间处。不要使用圆形或三角形的，因为这样狗狗踩在木板上时，木板会滑开。

3 提示狗狗"跷一跷"，并用食物吸引狗狗沿着木板向前走，如果它不是四只爪子都在木板上，你也不用太担心。

4 当到达木板的中轴时，狗狗的体重会让木板重心转移，木板会发出"砰"的一声。一旦听到声音，按下响片，然后让狗狗获得你手中的食物。"砰"的声音会让狗狗吓一跳，所以要把这个声音和积极的结果（食物奖励）联系起来。

5 狗狗会明白木板"砰"的一声意味着获得奖励，这会成为狗狗信心的助推器，它轻而易举就能学会走向跷跷板的另一端。

预期效果：

多多表扬和鼓励，以帮助狗狗学会这项摇摇晃晃的新游戏，永远不要强迫它，因为这样会加剧它已有的恐惧感。大多数幼犬在第一次站上跷跷板的时候会有点害怕，但是表扬和奖励可以帮它们迅速战胜恐惧！不要勉为其难——明天又是新的一天，狗狗对跷跷板可能会有不同的体会。

疑难解答

我的狗狗很害怕

狗狗可能担心摇晃或"砰"的响声，这就更需要鼓励它去克服恐惧，战胜障碍。多让狗狗经历不同的体验，狗狗长大后会更沉稳。不过，关键是让它自己去了解看起来可怕的物体。多多鼓励，不要强迫它靠近它觉得害怕的东西，否则它会变得更胆小。

小贴士！

敏捷性比赛是竞争性的狗类运动，狗狗们要设法穿越由跷跷板、轮胎、隧道、A型架及其他障碍物组成的赛道。

"我有许许多多的玩具，不过嘛，多多益善。"

跷跷板

① 引导狗狗踏上木板。

② 在木板下面垫根木条。

③ 用食物诱导狗狗站上木板。

继续引导它跨过木板的中轴。

咔哒

④ 随着木板"砰"的一声倒向另一边，点击响片并给予奖励。

⑤ 很快，狗狗就会迫不及待想要听到木板发出"砰"的声音，因为它知道这意味着有食物奖励。

咔哒

"我喜欢'砰'的声音！"

转圈圈

口 令
转圈圈
手 势

"我的玩具有：
小鸭子、飞盘、Kong
与 treat ball 玩具、骨头、
拉拽绳玩具和发声玩具。"

狗狗很快就能学会转圈圈，一旦学会，
它就不会放过任何一个表演机会！

训练步骤：

1 右手拿着零食，左手拿着响片。面对狗狗，用手中的食物吸引它的兴趣。

2 提示狗狗"转圈圈"，并将右手中的食物往右边移动，引导狗狗跟着移动。

3 继续向前移动手，并按逆时针方向画一个大圈。手保持和狗狗同一高度并慢慢移动，这样狗狗可以一直跟着移动。

4 一旦狗狗跟着你的手转圈，点击响片并奖励手中的食物。

5 随着狗狗不断进步，拿着食物的手可以画更小的圈，速度更快。最终只需要将你的手腕往右轻轻一转，就能示意狗狗转圈圈。手腕轻轻一转也就成为固定的手势。

6 你也可以教狗狗朝另一个方向转圈圈。使用的技巧一样，只是改用"调头"作为提示，并用左手顺时针画一个圈。

预期效果：

每天练习 10 次，1 周之内狗狗就能学会转圈圈！

疑难解答

狗狗不跟着我的手移动

你用的食物有足够的吸引力吗？试一试热狗、鸡肉或芝士条等"人类的食物"。

我的狗狗只会朝一个方向转，换个方向就不会了

幼犬最初通常有一个偏爱方向，不过可以很快就能学会两个方向都转。

我的狗狗转了半圈

手伸得太早太远，都会导致狗狗无法转圈。从靠近你腹部位置开始，往右边移动，再伸到前方。

小贴士！

用"转圈圈"作为逆时针方向旋转的指令；用"调头"作为顺时针方向的指令。

"去哪儿了？在干吗？为什么？什么东西？现在又在干吗？"

① 面朝狗狗，用手中的食物吸引它的兴趣。

② 右手往右边移动……

引导狗狗跟着转。

③ 继续逆时针方向画圈。

④ 转完圈后点击响片……　　　　　　　　　　　　　　并给予食物奖励。

⑤ 画圈时小一点快一点。

⑥ 教狗狗换个方向转圈。

绕8字

"我害怕的东西有：
打雷、猫咪、美甲师、
戴帽子的人。"

你双腿分开站立，
狗狗在你双腿间
绕8字形行走。

训练步骤：

1. 开始时，双手各拿一些小零食。双腿分开站立，狗狗站在你的左侧。用左手中的零食吸引狗狗的注意。

2. 提示狗狗"穿过去"，并将零食和狗狗鼻子保持同一高度，朝两腿之间方向移动。把零食想象成一条"牵引绳"，将狗狗从腿前"拉"到腿后。

3. 左手移动到两腿之间时，将右手放在腿后与左手接触。把左手抽开，继续用右手中的零食吸引狗狗。

4. 一旦吸引狗狗绕过你的腿，继续向前移动右手，引导狗狗绕到右边。狗狗的头靠近你的右腿时，让它获得你右手中的一部分零食。狗狗到达你的右腿侧边时，一定要给予食物奖励，因为这是狗狗最容易继续前进的位置。

5. 刚才你两只手中都拿了几份零食，所以此时右手中应该还有食物，这样你就可以继续用来吸引狗狗向前，朝你两腿之前走。和前面的动作一样，双手在两腿之间接触，收回右手，继续用左手中的食物吸引。狗狗绕到你的左腿侧边时，给予食物奖励。

6. 狗狗取得进步后，用手指而不是食物去引导狗狗在腿边绕行。双脚保持固定，但当狗狗在双腿之间穿过时，腿要往相应方向弯曲。它从你双腿间穿过准备绕着你的右腿转时，你的右腿应该弯曲，它可以看到你的右手在引导它穿过双腿并走向你的右腿侧边。在给狗狗食物奖励之前，让它多练习几次绕 8 字形，但只有当它绕到你腿边时才给予奖励，保持这个习惯。有时候绕到右边时给予奖励，有时绕到左边时给予奖励，这样往左右两边绕它都会有动力。

7. 到最后阶段，只需保持站立，用手指向侧边，对它说"穿过去"，就能引导它完成这套动作。

预期效果：

只需几天时间，狗狗就会跟着食物在你两腿间穿行。2 ~ 3 周后，它就能轻轻松松地在你两腿间绕来绕去。

疑难解答

我很难让狗狗跟随食物诱饵走

有些狗狗要么对食物不太感兴趣，要么就是太过兴奋，无法顺利跟随食物移动。对于这些幼犬，你可以给它们戴上一条 30.5 厘米长的短皮带，然后引导它们绕着走。

小贴士！

确保狗狗总是从前面穿过你的双腿间，这样可以方便你观察它的位置。

"我可以吃块饼干吗？
 我一定会乖乖的，
 我保证！"

绕 8 字

① 让狗狗从你的左腿边开始。　② 吸引狗狗向前……　狗狗到你的双腿间。

③ 换手，用右手中的食物吸引狗狗。　④ 绕到腿边时给予零食奖励。

⑤ 继续用右手引导，左手过来接应。　现在用左手中的食物引导。　绕到腿侧边时给予奖励。

⑥ 用手指引导，狗狗穿过两腿之间时，腿朝相应方向弯曲。

绕几圈后给予奖励。

⑦ 最后，只用手指和屈腿动作，就能引导它轻松完成这套技能。

"我现在要躺会儿了。"

弹排球

扔一个重量轻一点的排球或气球给狗狗，并教它用鼻子把球弹回给你。这项技能有利于培养狗狗的运动能力和协调能力。

"有时我们会去看有满脸胡子的兽医，他还会让我咬他的胡子。"

训练步骤：

1 第一步，先教会狗狗接住你扔的东西。可以找一个柔软的毛绒玩具，摇来摇去吸引狗狗的注意力，如果是发声玩具，那就弄出声音来。

2 当狗狗被吸引到玩具上时，对它说"接住！"然后以较低的弧度慢慢扔过去，在它接住玩具的瞬间点击响片并奖励食物。

3 一旦狗狗学会了接住玩具，换一个轻一点的排球或气球（常规的排球对狗狗来说太重了）。面朝狗狗并把球慢慢扔过去，同时提示他"弹起来"。扔的时候弧线高一点，这样球会从狗狗的鼻子正上方落下来。因为球比较大，狗狗抓不到，球就会碰到鼻子，然后沿一个类似的弧线高度弹回来。耶，你做到了！

疑难解答

我的狗狗害怕落下来的球

不要把球直接扔向狗狗，而是在狗狗面前形成一条弧线。你也可以试着用气球，它在空中下落时速度比较慢些。

小贴士！

如果用气球来玩这个游戏，万一气球爆炸了，把碎片清理干净，以免让狗狗误食了。

预期效果：

这项技能教起来比想象得要容易！一旦狗狗能够接住玩具，可能在第一次训练时就能学会用鼻子把玩具排球弹回来！

① 用毛绒玩具吸引狗狗的兴趣。

咔哒

② 把玩具扔给狗狗，一旦它接住，点击响片并给予奖励。

③ 把轻一点的球以比较高的弧度扔给狗狗，并提示它"弹起来"。

狗狗试图接球时，鼻子会把球弹回来。

耶，你做到了！

腿上跳

口令
跳

你跪在地板上，
狗狗从你伸出的腿上
跳过去。狗狗可以学会
绕着你跑，且每次都从
你腿上跳过去。

"有时我会早上跳到
主人的床上去，
因为她太贪睡了，
我需要把她叫醒。"

训练步骤：

1 跪在地上，伸出右腿。把脚趾抵在墙上可以防止狗狗绕着腿跑。左手拿着响片，右手拿着零食。让狗狗从你的左侧开始，用零食诱导它从你的腿上方跳过去。充满激情地叫一声"跳！"这将会激励它立即跳起来。如果狗狗不乐意，慢慢地引导，让它先把前爪放在你的大腿上。到达这个位置时允许它咬住零食，然后把零食往前移。狗狗可能会想要靠近你的脚踝位置，因为那里最低，你可以把食物贴近身体并把它引到那个方向去。一旦它跳过去，点击响片，然后奖励食物。

2 从左边开始。这次交换双手，响片在右手，食物在左手。用响片作为诱饵，引导狗狗注意你的腿。当狗狗在你腿上跳或走的时候，点击响片。

3 用你的右手将狗狗注意力吸引到你的背部。在你的背后移动左手去接触右手。摆动左手中的食物，让狗狗的注意力从响片转向食物，把拿着响片的右手移开。用左手拿着食物，继续引导狗狗从背后转到你的左边。

4 一旦狗狗绕着你的身体转了一圈回到你的左边，奖励它食物。在这个游戏中，食物奖励要一直放在你的左边，因为这会鼓励狗狗快速跳跃和转圈。

5 在奖励食物后，立即把狗狗的注意力吸引到右手的响片上，引导它从你的腿上跳过并再次重复整套动作。

6 一旦狗狗掌握了这个窍门，把响片收起来，挥动右臂和手指示意狗狗从腿上跳过去。像往常一样，狗狗到达左边时给予奖励。

预期效果：

对狗狗来说这是一个很有趣的游戏，而且它们喜欢表演。如果狗狗充满活力地进行练习，不出一周应该就能学会！

疑难解答

我无法保持这种身体姿势

试试这样调整：坐在面对墙壁的椅子上，伸出双脚，用脚趾抵在地板上，碰到墙根。身体在椅子上前倾，引导狗狗从腿上跳过。现在你不需要让狗狗在你身后转一圈，两只手都拿着零食，引导狗狗在你两腿上跳来跳去。

小贴士！

不要让狗狗跳得太高，因为这有可能会伤到它生长中的骨骼。

"有一次我看到
一只大蟾蜍跳了起来，
一开始我很害怕，
但后来就不觉得了。"

腿上跳

咔哒

① 伸出右脚抵住墙壁。用食物吸引狗狗从
　腿上跳过，一旦它跳过去，点击响片。

② 把响片换到右手，零食放到左手。
　用右手引导狗狗。

咔哒

在狗狗跳过去后点击响片。

③ 左右手在背后交接，用零食将它的
　注意力吸引到左手。

继续用左手中的零食吸引它绕着你转。

④ 一旦狗狗转了一圈回到你左侧，给予食物奖励。

⑤ 重新用右手中的响片吸引狗狗的注意力，重复整套动作。

⑥ 换成手指来引导。

摆动右臂示意狗狗跳越。

每次都在它绕到你左侧时给予食物奖励。

"听，喜欢我弹的曲子吗？
我还会弹很多呢！"

呼啦圈

口令
钻

"大狗狗会跳，
我也会。"

教狗狗钻呼啦圈！这项令人印象深刻的技能
充满欢乐，它还可以训练狗狗的敏捷性，为
以后学钻轮胎做准备。

训练步骤：

1 将玩具呼啦圈内的珠子拿掉，因为它们发出的声音可能会吓到狗狗。给狗狗一点时间了解呼啦圈，帮它克服恐惧感。狗狗第一次钻呼啦圈可能会害怕，所以你必须让它自己做出决定，不要强迫它，这一点很重要。

2 把呼啦圈放在门口，你在门里面，狗狗在门外面。用靠近狗狗的那只手握住呼啦圈和响片，另一只手拿着零食，吸引狗狗钻过呼啦圈。一旦它钻过来了，点击响片并奖励食物。

3 在一间开放的房间里试试。用靠近狗狗的那只手拿着呼啦圈并放在地上，告诉它"钻"，用另一只拿着食物的手引导它钻过来。在它通过时点击响片，钻过来后给予食物奖励。

4 狗狗明白意思后，你可以开始把呼啦圈从地板上拿起来。根据狗狗年龄的不同，跳跃高度不应高于其脚踝、膝盖或胸部位置（详情请咨询兽医）。狗狗有时会被呼啦圈绊住，如果你觉得它会绊倒，就准备好放开呼啦圈。用你的手对着狗狗引导它向上跳。

预期效果：

狗狗们通常会在 1 ～ 2 周内学会钻呼啦圈，并且充满激情。

疑难解答

呼啦圈压到狗狗身上，现在它害怕了！

狗狗会从你身上汲取能量。不要溺爱狗狗，这没什么大不了的，爬起来继续练习。

小贴士！

尽早用各种各样的障碍物来挑战狗狗，这样会让它变得更自信。

"我今天表现很棒！"

呼啦圈

① 一开始狗狗可能会害怕呼啦圈……

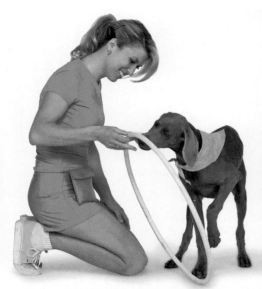

给它一点时间了解呼啦圈，帮它克服恐惧感。

② 用靠近狗狗的那只手握住呼啦圈和响片。

卡哒

另一只手拿着零食，吸引狗狗穿过呼啦圈。一旦钻过，点击响片。

③ 把呼啦圈放在地面上……

引导狗狗钻过去。

咔哒

一旦它钻过呼啦圈，点击响片……

奖励食物。

咔哒

④ 把呼啦圈适当抬高。

"我在玩球球，
　可是后来球丢了，
　找不到了！"

躲进盒子里

这是一个很
有趣的小游戏，
狗狗可以学会自己
跳进盒子里"藏"
起来。

"我在公园里追一只
小狗狗，但后来
它竟然反过来追我，
于是我就逃跑了。"

训练步骤：

1 向狗狗展示食物，然后将食物扔进盒子里。把盒子向上倾斜，这样狗狗就可以够到食物了。

2 再扔一份食物进去。把盒子向上倾斜，这样狗狗就能看到食物，不过，之后把盒子放平。给狗狗一些时间去尝试和做决定。如果它没兴趣，再次把盒子倾斜，给它看看食物。自信的狗狗为了得到食物，最终会把前爪放进盒子。一旦它做到了，点击响片，给它食物。

3 这次尝试不要把食物扔进盒子里，直接对它说"躲起来"。手里拿着零食，用来引诱狗狗进入盒子里。站在狗狗的对面，把盒子放在你们中间。把食物放到它鼻子前吸引它的兴趣。把食物从它身边移开，放到盒子上方。一旦它把前爪放进盒子里，点击响片并给予食物奖励。

4 继续用食物吸引狗狗进入盒子，一旦其所有爪子都进入盒子里，点击响片并给予奖励。

预期效果：

狗狗能否成功掌握这项技能跟盒子类型有很大关系。更大、更浅的盒子会更容易，然后逐渐让它学会躲到更小、更深的盒子里。

疑难解答

没法把狗狗引导到盒子里，我能把它抱起来放进去吗？

如果允许狗狗以它们自己的方式接近一件物品，而不是被强迫进入其中，那么狗狗会培养出更多自信。这样训练狗狗可能需要更长时间，但是通过鼓励，而不是强迫狗狗进入盒子，会让它成年后变得更自信。

小贴士！

让狗狗去面对各种各样的障碍物：盒子、跷跷板、光滑的表面以及水等。这种早期接触会使它成为更自信的狗狗。

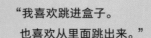

"我喜欢跳进盒子。
也喜欢从里面跳出来。"

躲进盒子里

① 将盒子倾斜以便狗狗能够着食物。

② 让狗狗自己想办法把前爪放进盒子里。一旦做到，点击响片。

③ 将食物从狗狗鼻子前移往盒子中间，引导它进入盒子。

一旦爪子迈进去，点击响片并奖励食物。

④ 继续拿食物吸引它进入盒子。

食物要放在狗狗勉强能够得着的地方。

咔哒

四只爪子都进入盒子后，点击响片，奖励食物。

"我追赶它、抓住它，
然后吃掉它。"

摩擦爪子

口 令
刨
手 势

"我能刨出个大洞来！"

乖狗狗可以学会在门垫上摩擦前爪。跟地板上泥泞的爪印说再见吧！

训练步骤：

1. 让狗狗看着你把食物放在门垫的角落里。
2. 鼓励狗狗去把食物找出来，轻轻敲敲垫子说"刨！拿出来！"如果狗狗毫无兴趣，迅速抬起门垫的一角，再次展示食物。如果狗狗想用鼻子拱门垫下面，用手按住门垫。约1分钟后，狗狗可能会去抓门垫——准备好！只要抓一次，就点击一下响片。
3. 点击响片后，立即抬起门垫的一角，让它享受美食。
4. 狗狗取得一定进步后，等它抓两三下后，按下响片并抬起门垫。

预期效果：

狗狗们在第一天学这个技巧，就可以取得一定的成功。最终，狗狗会在提示下做这个游戏，你也不再需要在门垫下面藏食物。相反，抓了几次后，把食物扔到门垫上，狗狗仍然会兴奋地去寻找。

疑难解答
我的狗狗不会抓门垫

试试另一种方法：拿一个狗狗最喜欢的球或玩具，藏在沙子或松散的泥土里。一旦狗狗去刨，点击响片并给它食物。一旦它明白这个暗示，就可以把这种行为转移到门垫上。

小贴士！

在教授这项技巧时，奖励的食物要质地硬一点，因为柔软的食物会被挤扁，场面会一片狼藉！

① 把食物放在门垫下面。

咔哒

② 一旦狗狗用爪子抓一下，点击响片。

③ 抬起垫子，奖励食物。

咔哒

④ 抓了两三下之后再点击响片。

"我不喜欢的东西：
对我嚎叫的狗狗、
睡觉时间、主人不在家、
厨房柜台太高。"

玩飞盘

口 令
飞盘

"有一次，我抓到了从天上飞下来的一只鸟！嗯，是飞盘，不过说它是鸟也没错。"

学习接飞盘有利于培养狗狗的协调性，这在狗狗一生中都是很重要的训练。

训练步骤：

1. 硬壳塑料飞盘可能会伤到狗狗的嘴和牙齿。使用专为狗狗设计的飞盘，例如软塑胶、柔性橡胶或帆布做成的飞盘。向狗狗介绍这个有趣的新玩具，假装扔出去又收回来。

2. 上下旋转飞盘，吸引狗狗的兴趣。

3. 一旦它产生兴趣，将飞盘竖着滚出去。兴奋地鼓励狗狗"抓住它！抓住它！"一旦它抓住飞盘，不要吝啬你的赞美。

4. 将飞盘扔出去，要扔得低一点、弧度平一点，教狗狗在半空中接住。不要直接把飞盘扔向狗狗，因为这样会打中它。

预期效果：

狗狗可能需要几个月的时间来培养协调能力，以掌握空中接飞盘的技巧。保持游戏的乐趣，每次训练时间不要太长。14 个月以下的幼犬不应跳起来接飞盘，所有幼犬应由兽医检查，以确保健康。

疑难解答
我的狗狗对飞盘不感兴趣

把这个玩具翻过来，用作狗狗的餐盘，以充分利用其价值，这样狗狗会把飞盘与晚餐联系起来。

小贴士！

特制塑料飞盘很柔软，你的指甲都可以将其轻松划破。

① 让飞盘成为有趣的玩具。

② 用飞盘转圈圈。

③ 把飞盘竖着滚出去。

④ 把飞盘扔向半空，让狗狗接住。

沟通交流

"关注我，关注我，关注我！"

倾听狗狗就像和它说话一样重要。让狗狗明白，你可以照顾它，满足它的需要和愿望。

在本章中，我们将介绍一些加强主人和幼犬交流的技巧。有些技巧可以教会幼犬用适当的方式表达它的意愿，例如需要上厕所的时候按一下门把手上的铃铛，想散步的时候拉一下牵引绳。这一章还会教幼犬和你一起玩游戏，例如"猜猜哪只手里有食物？"还有一些技巧，可以让幼犬学会基本的家庭礼仪，例如"饭前先坐好"。

帮狗狗做好个人卫生。

出门按铃

狗狗在按门上的铃铛，
让你知道它需要出去。
这个技巧可以教授给正
在进行家庭训练的幼犬。

"我要去撒尿！"

训练步骤：

1 在门把手上挂一个铃铛，位置低一些。在铃铛内侧抹上一点花生酱，摇晃铃铛，并给出提示"铃铛，拿去！"鼓励狗狗去摸索它。在狗狗将铃铛弄响的那一刻，点击响片并奖励食物。

2 不要补充花生酱，因为铃铛上可能还会有些。再次指着铃铛，当狗狗弄响铃铛时，再次点击响片并喂食，重复几次这个过程。如果狗狗看起来有点疲惫，那就再抹点花生酱吧。

3 兴高采烈地牵着狗狗准备去散步，走到门口铃铛处停下，鼓励它按下铃铛。这可能需要一段时间，但一旦它碰了铃铛，立即打开门带它出去。在此项技能训练中，给狗狗的奖励是带它去户外，而不是食物，所以一定要尽早让它明白这个概念。

预期效果：

开始时，你对铃声的反应越灵敏，狗狗学习这项技巧就越快。大多数狗狗会在一周内开始自己摇铃。

疑难解答

狗狗舔花生酱的时候，它没有从我手里拿走食物，只是不停地舔

重要的是你提供了奖励，它是否拿走并不重要。你也可以尝试用些很美味的食物，例如牛排、鸡肉或者奶酪。

小贴士！

使用大点的铃铛，而不是容易被狗狗吞咽的小铃铛。

①② 铃铛上抹点花生酱，一旦狗狗弄响铃铛，立刻给予奖励。

③ 散步前，让狗狗先按响铃铛再带它出门。

"我喜欢弄出点声响！"

取绳子

取绳子

"有时候我害怕街上那条坏狗，于是我就躲在主人的腿后面跑。"

教狗狗散步前去取牵引绳。

训练步骤:

1 你首先要教狗狗怎么"取东西"（见116页）。每次将牵引绳套在它身上的时候，乘机教它"绳子"这个词。用橡皮筋把牵引绳捆成一捆，然后开玩笑地扔出去。告诉它"去取绳子"，等它拿回来时给予奖励。

2 现在把皮带系在固定的地方，如门旁的桌子上。指着牵引绳，鼓励狗狗"去取绳子！"

3 立即将牵引绳给它套上，然后带它出去散步，以作奖励。在这项技巧中，奖励是带它出去散步而不是给零食，所以一定要尽早让它明白这个概念。

预期效果：

如果狗狗把牵引绳扔在你脚边，示意要出去散步，不要大惊小怪！尽量多带它去散步，也算对它礼貌行为的回应。

疑难解答

教这个技巧之前，我必须先教"取东西"吗？

如果你还没有教狗狗怎么"取东西"，试试这个：把牵引绳捆成一束并扔出去。只要狗狗过去用嘴碰一碰，就点击响片并奖励食物，然后马上带它去散步。

小贴士！

下次你准备去散步的时候，让狗狗兴奋起来，然后让它在出发之前去取牵引绳。

① 把牵引绳扔出去，然后让狗狗去"取东西"。

② 把牵引绳放在固定的地方。

③ 套上牵引绳，带它出去散步，以此作为奖励。

取餐盘

"开饭了。"

让狗狗在吃饭前把餐盘取过来，可以教它如何通过劳动获得奖励。它这样子实在是太可爱了！

训练步骤：

1 首先，教狗狗"取东西"（第 116 页）和"取报纸"（第 120 页）两个动作。

2 开始像往常一样为狗狗准备晚餐……进厨房、拿出狗粮袋等。

3 指着狗狗的餐盘，告诉它"取东西！"它很可能兴奋地兜圈子，而忘记要做什么。继续指着餐盘鼓励它。

4 当它终于学会把餐盘取来给你时，要开心地表扬它。马上把它的晚餐或一些零食放在餐盘里，然后放在地上供它享用。

预期效果：

教授这个技巧的挑战在于第一次训练。一旦狗狗有一次成功，它很快就会把餐盘和吃饭联系起来。

疑难解答

我的狗狗会去取别的东西，但不会去取餐盘

问题可能出在具体的餐盘上。狗狗不愿意把金属或瓷器咬进嘴里，所以要用塑料餐盘。确保餐盘上有唇形、沟槽或其他能让狗狗轻松咬住的地方。

小贴士！

幼犬应该每天吃 3 顿饭，一直到 5 个月大。之后，它们每天只需要 2 顿。

❶❷❸ 晚餐时间到，让狗狗去取餐盘。

❹ 拿回餐盘后表扬它。

立刻让它享用晚餐。

饭前坐好

口令

吃饭、坐下

"主人说我们在家很有礼貌。"

学习礼貌永不嫌早。现在，就教你
有礼貌的狗狗在饭前坐好吧！

训练步骤：

① 首先教狗狗"坐下"（第 20 页）。吃饭的时候，准备好狗狗的餐盘，并放在它够不着的地方。告诉它"吃饭了，坐下"。因为狗狗还小，可能会很兴奋，暂时忘记了这个词的意思！给它几次坐下的机会，用餐盘在它头的上方上下摆动吸引它，引导它坐下。如果它不坐，转过身去，把餐盘放在它够不着的地方停留 1 分钟。

② 1 分钟后再试。狗狗终于坐下时，哪怕只坐了 1 秒钟，也要立即对它说"很棒"或点击响片。

③ 随后立即把餐盘放下，作为对它礼貌行为的奖励。

预期效果：

8 周大的幼犬就能学会在饭前坐好。该练习可以帮助狗狗养成良好的习惯。不要对狗狗太苛刻，因为你的目标不是让它乖乖坐着，而是养成好习惯，即想吃饭时要礼貌提出要求，而不是胡搅蛮缠。

疑难解答

我的狗狗就是坐不住

如果你的狗狗没有先学过坐下，要求它饭前坐好有失公允。首先要想想这是不是问题所在。如果它已经学会了坐下，那么试着把餐盘举过它的头顶，并朝它移动。这会让它先坐下，特别是当它背靠墙的时候。

小贴士！

不要给狗狗"随意喂食"。相反，给它提供一顿饭，如果 15 分钟内还没吃完，把餐盘拿起来。

① 如果狗狗不坐下，把餐盘拿起来等 1 分钟。

② 一旦它坐下了，点击响片。

③ 立即把食物喂给它。

别碰

口令
别碰

"有一次我在桌子上
发现了一块三明治。
我一直继续在找，
但就只有那一块。"

如果不想让狗狗吃某样东西，
或者不想让它接近什么东西，
告诉它"别碰"。此命令可以应
用在甜甜圈、鞋子或猫上面。

训练步骤：

1　和狗狗坐在一起，在地上放点食物。用严肃（但并不响亮）的口气告诉它"别碰"。如果它想要去取，你的手要随时准备挡住。

2　它对食物表现出兴趣时，告诉它"别碰"，并用你的手把食物盖住。

3　重复这个过程，直到狗狗不愿靠近食物。一开始它可能只会克制一到两秒钟，然后就会改变主意去吃东西。你要在狗狗改变主意之前进行奖励。看它会停顿多长时间，在它准备行动之前一秒钟，给予奖励。点击响片，从口袋里给它一份零食。

预期效果：

大多数狗狗可以在一周内学会这个技巧。记住要用手中的食物来奖励狗狗，而不是让它从地板上拿食物。因为让它从地板上拿食物，只会使它关注地板上的东西，而实际上你是希望它忽略地板上的东西。

疑难解答

我的狗狗总是要去碰食物！

耐心……如果多次阻止，它最终会停下来。即便稍有迟疑，也要点击响片并奖励！把握时机至关重要，一定要在它暂停，而不是靠近食物的时候点击响片。

小贴士！

你也可以用"别碰"来阻止狗狗靠近鞋子、猫或者任何其他需要远离的东西。

① 告诉狗狗"别碰"。

② 如果狗狗想靠近食物，就用手盖上。

③ 如果它后撤，不去触碰食物，点击响片并给予奖励。

"你抓不到我！"

猜哪只手

"这是我最喜欢的游戏。"

当你两只手握紧拳头时，狗狗就会嗅一嗅并指出哪只手里面有食物。

训练步骤：

1 用其中一只手紧握味道比较浓烈的食物，然后把手放到狗狗胸前，问它："哪只手？"

2 如果狗狗用鼻子或爪子去碰握有食物的那只手，立即点击响片并对它说："对啦！"打开手，把食物喂给它吃。

3 如果狗狗对另一只手感兴趣，告诉他"哎呀"，张开手，让它看到那只手是空的，暂停10秒钟再试，这样它就会知道，错误选择会有负面影响。

4 如果狗狗一直在用鼻子嗅那只握着食物的手，试着让它改用爪子去抓。拳头放低到地面上，如果狗狗用鼻子嗅来表示它的选择，就把另一只手抽回来，用"找到它！"鼓励狗狗用爪子去打开握有食物的那只手。

预期效果：

这往往是狗狗最喜欢的游戏，因为涉及狗狗最喜欢的两件事：用鼻子嗅和获得食物。

疑难解答

我觉得我的狗狗只是瞎蒙

有些狗狗过于着急，迫切想得到第一眼看到的食物。试着把拳头举过狗狗的头，这样它就只能先用鼻子去闻而够不到，在它闻了两只手后，告诉它"等一下"，将你的手放下来，然后问："哪只手？"

小贴士！

把热狗片放在用纸巾盖着的盘子上，放入微波炉加热3分钟，带上这份美味去和它训练吧！

1 如果狗狗用鼻子或爪子去碰握有食物的那只手，对它说"对啦"，然后打开手把食物给它吃。

2 如果狗狗选择错了，对它说："哎呀！"

3 尝试让狗狗用爪子去表示它的选择。

猜猜看

在这个经典游戏中，将 3 个桶
或壳状物摆成一排，将小球放
在其中一个下面。桶的顺序
被快速打乱，然后狗狗会
告诉你球藏在哪个里面。

"主人说她应该叫我
'麻烦鬼'，但我
更喜欢她叫我
'杰迪'。"

训练步骤：

1 做这个游戏，需要三只相同的小花盆。
   花盆底部最好有一个洞，这样狗狗就
   能闻到藏在底下的美味了。稍重一点
   的陶土花盆效果最好，因为狗狗闻的
   时候不会轻易碰翻。从其中一只花盆
   开始，用香喷喷的食物（如热狗、牛排或
   鸡肉）在里面擦一擦，散发出浓郁的香味。让狗狗
   看着你把食物放在地上，然后用花盆盖住。

2 鼓励狗狗"去找！"当它用鼻子或爪子去碰花盆时，
   点击响片，拿起花盆并用里面的食物奖励它。

3 过不了多久狗狗就会明白，重新把花盆排放好，不
   停地鼓励，直到它用爪子去抓为止。轻拍它的脚腕
   或提醒它"握手"（第 42 页），让它明白要用爪子
   去抓。一旦它用爪子碰到花盆，点击响片，拿起花盆。

4 再加两只花盆（将有香味的做上记号，这样你就不
   会弄混！）用柔和的语气告诉狗狗"去找！"

5 狗狗嗅花盆的时候，花盆要放好，这样即便狗狗着急，
   花盆也不会轻易被弄翻。狗狗努力去嗅每一只花盆
   时，大声提醒狗狗放松。如果它找到了对的花盆，
   让它兴奋起来。如果狗狗失去兴趣，迅速拿起花盆，
   把里面的食物给它看，然后再放回去。

6 如果狗狗找出的花盆不对，不要拿起花盆；相反，
   对它说"哎呀"，然后鼓励它继续寻找。

7 如果狗狗找出正确的花盆，点击响片并拿起花盆，
   让它得到里面的食物奖励。

预期效果：

如果狗狗找错了，尽量避免说"不对"，要多多鼓励。
每节只练习几次，并以一次成功的尝试结束训练，哪
怕只用一只花盆，也要让它找到成功的感觉。

疑难解答
我的狗狗对嗅花盆不感兴趣

狗狗可能没有闻到食物的香味。为了确
保它闻到味道，你可以用一些香喷喷的
食物（例如热狗），然后用胶带固定在花
盆里面，正好贴在底部的洞上。

小贴士！

强化成功练习，忽略其他。如果狗狗选
错了，避免对它说"不对"。

"到开饭时间了吗？
叫我了吗？
等等我……"

第 4 章 沟通交流　**99**

猜猜看

① 把食物放到擦有香味的花盆下。

② 狗狗用鼻子嗅的时候点击响片……　　　　　　拿开花盆。

③ 把花盆放好，只有当狗狗用爪子碰的时候才点击响片。

④ 再加两只花盆。

⑤ 狗狗嗅的时候按住花盆。

⑥ 如果狗狗找出的那只花盆不对，不要打开。鼓励它继续寻找。

咔哒

⑦ 如果狗狗找出了对的花盆，点击响片……

打开花盆，让它享用食物。

"我知道你藏在哪儿！"

找东西

把蔬菜、零食或狗粮藏在家里，教狗狗尽可能多地找到食物。这个小技巧可以教会狗狗用鼻子嗅，并且可以让它忙活几分钟。

"我真的很擅长这个把戏，我知道所有食物的藏身之处！"

训练步骤：

1 你可以用零食或狗粮来玩这个游戏，虽然水果和蔬菜的卡路里相对更低，但是游戏的乐趣却丝毫不减。把蔬菜放在狗狗的鼻子上，告诉它要找的就是这个"气味"，把蔬菜扔到不远处的地板上，让它"去找！"如果它这样做了，及时给予表扬。

2 重复游戏，增加一点难度。把蔬菜放在离地面稍远一点的地方，如咖啡桌或楼梯上。

3 在房间周围放一些蔬菜。如果狗狗看起来有点迷惑，多多鼓励甚至和它一起去寻找。狗狗取得进步后，增加隐藏地点的难度，但是要确保它仍然能成功找到，因为你肯定不希望狗狗灰心丧气，甚至放弃。

预期效果：

这对幼犬来说是非常好的活动，因为它可以教会幼犬如何运用自己的嗅觉和狩猎能力。

疑难解答

狗狗很快就放弃

这个技能不是为了让狗狗学聪明，而是为了让它成功做到。循序渐进，这样狗狗就会对自己的能力有信心。随着时间的推移，它会接受更大的挑战，气味浓烈的食物也更容易找到。

小贴士！

最受欢迎的蔬菜：胡萝卜、青豆、玉米、西兰花、土豆、球芽甘蓝、花椰菜、萝卜、南瓜、甜豌豆。苹果和香蕉是最受欢迎的水果！

① 把食物扔到附近，让狗狗"去找！"

② 把食物藏到高一点的地方。

③ 在房间里藏好几份食物。

看狗狗能找到多少。

关门

口 令
关门

教狗狗把门关上。
这个技巧也适用于关闭抽屉、
橱柜或玩具盒盖。

"我经常关门。
我喜欢帮忙。"

训练步骤：

1. 开始前，最好在门上贴一些纸板，因为在学习过程中，狗狗经常会抓门。将门打开几厘米，拿一些食物靠在门上，与狗狗的鼻子保持同一高度。鼓励它"靠近，抓住！"在它对食物表现出兴趣时，把食物沿着门边抬高一点，正好在它够不到的地方。为了得到食物，狗狗可能会把它的前爪放在门上，试图爬得更高些，这会导致门"砰"的一声关上。在它把一只或两只爪子放在门上的那一刻，点击响片。

2. 让狗狗享受你靠在门上的食物。最好趁它的爪子还蹭着门的时候给它食物，不要等它回到地板上之后再给。

3. 一旦狗狗掌握了这个窍门，试着轻轻敲门让它推一下。点击响片并奖励它把门关上。最后，试着在距离门较远的地方让狗狗去"关门"。如果它急切地"砰"的一声关上门，你可别惊讶！

疑难解答

我的狗狗被"砰"的关门声吓坏了

以此作为经验积累，让狗狗习惯很大的声响。这是和狗狗交流的重要部分。

小贴士！

用同样的技巧教狗狗关上抽屉或橱柜。

预期效果：

大多数狗狗都喜欢把门"砰"地关上，它们一周内就能学会这个技巧。

1. 把零食靠在门上，举到狗狗够不着的地方。当它把爪子放在门上时点击响片。

2. 趁它爪子在正确的位置上，给它食物。

3. 尝试不用食物诱导。

按灯

教狗狗按压打开地板上的
触碰灯。学习这项技能时，
我们使用一个通用的口令
"目标"，因为稍后可以
将它应用于其他技能上。

"开灯、关灯。
开灯、关灯。
开灯、关灯。"

训练步骤：

1　在地板上放一个较大的触碰灯。在学习阶段，用胶带固定下来会比较方便。

2　让狗狗知道食物袋里有零食，这样就能引起它的兴趣。把响片拿在手里，轻触灯，吸引狗狗注意。

3　狗狗可能会闻一闻按钮，然后用鼻子去碰一碰，这时候不要去奖励，因为我们要教它用爪子去按。不过，此时确实需要鼓励狗狗继续与灯互动，所以当它用鼻子触碰的时候，可以鼓励它说："好的！打开它！继续加油！"然后再次轻轻敲击灯。

4　出于无奈，狗狗最终可能会抓灯。准备好响片，在它的爪子刚刚接触到灯的那一刻就点击响片。

5　马上给狗狗食物奖励。最理想的状况是，当它处于正确的位置时——爪子放在灯上——就给它食物奖励。

6　如果狗狗从不去碰灯，还有另一种方法你可以试一试。用食物诱导它向前走，试着让它无意中踩到灯上，甚至用爪子勉强碰一下灯。

7　当它用爪子触碰灯的那一刻，点击响片，同时把你手中的食物喂给它。

8　一旦狗狗开始明白这个技巧，你可以站起来并走到离灯稍远一点的地方，对它说："目标！"以此作为提示让它把灯打开。

预期效果：

一旦狗狗掌握了窍门，这会是一个很有趣的游戏。如果你点击响片的时机把握准确，狗狗可以在几天内掌握这项技能。

疑难解答

我无法吸引狗狗过来踩到灯上

试试这样：不要把灯粘在地板上，把它粘在一个小木箱上。然后引导狗狗把前爪放在箱子上，这样放爪子的空间更小，因此更有可能会踩到灯上。

我的狗狗没有使劲按开关打开灯

开始的时候，只要它用爪子碰了灯就给奖励。一旦它明白了这一点，就可以尝试不用食物吸引，继续告诉它"目标！"它可能会变得沮丧并用力敲打灯，然后对此给予奖励！

小贴士！

在学习阶段，可以将电池从灯上取下来。因为灯光可能在无意中成为奖励标记信号。最好通过控制响片来作为奖励标记。

"有一次，我踩到了一只小虫子，然后它就不动了。"

按灯

① 把触碰灯固定在地板上。

② 打开灯吸引狗狗的兴趣。

③ 当它用鼻子碰的时候不要奖励，不过可以鼓励它继续和灯互动。

④ 狗狗最终可能会去抓灯，对此点击响片。

咔哒

⑤ 奖励狗狗。可能的话，在它爪子放在灯上的时候奖励。

⑥ 吸引狗狗无意中踩到灯上。

⑦ 点击响片，同时把食物喂给它。

⑧ 站起来，对它说："目标！"以此作为提示。

"我认输了。"

第 5 章

行为塑造

"我现在可以吃了吗？"

响片可以非常精确地对狗狗的行为进行标记，因此，对幼犬进行行为塑造训练时要片刻不离手。在行为塑造练习中，我们将一种行为分解成几小步，当狗狗完成最基本的部分时，就进行奖励。一旦狗狗多次成功，我们就提高要求，只奖励接近目标的尝试。

幼犬注意力持续时间短、很难集中，对其进行行为塑造特别讲究技巧。它们动作快，也比成年狗狗更容易沮丧或分心。在进行行为塑造时，哪怕幼犬朝着目标行为迈出了很小的一步，你也可以对其进行奖励。用这种方式，幼犬会经历很多次成功尝试，也会得到很多奖励，这些都能让它保持专注和动力去不断尝试。

例如，在使用行为塑造法教幼犬拿东西时，最初的一小步可能是它仅仅碰一下你脚边的球。反复奖励这种简单的行为（每次用响片精确标记）。一旦它掌握了这一步，那么就需要提出更高要求，让它把球捡起来。逐渐把球放到更远的地方，直到学会从房间的另一头把球捡起来。

玩足球

"我想在屋里玩。"

你的超级明星狗狗学会了滚足球，
这一定会让体育迷们拍手称赞。

训练步骤：

1 熟悉行为塑造训练法（第 110 页）。手上准备好响片，食物袋里面装些零食。然后将一个足球放在空房间里。狗狗可能会过来看看这个新物品，如果没有过来，你可以滚动一下足球，然后鼓励它说"足球！来玩啊！"

2 在狗狗过来接触到球的那一刻，立即点击响片，然后奖励食物。

3 如果狗狗不碰球，给它看一下食物，然后把食物放在球下面。当狗狗去取食物时，它会一不小心碰到球——点击响片！没必要再从你的口袋里掏出食物给它，因为它应该在你点击响片的同时会拿到球下面的食物。

4 一旦狗狗学会触摸足球，这时候可以向它提出更高要求。等狗狗与球互动几秒钟后再点击响片，奖励食物。这是行为塑造技巧真正发挥作用的地方。狗狗可能会碰一下球，然后看着你，期待响片的"咔哒"声。如果它听到"咔哒"声，就会继续尝试，然后用鼻子或爪子去推动球，不管哪种情况，点击响片并奖励食物。如果狗狗感到沮丧，可以返回到前面只需触碰就给予奖励的环节。

预期效果：

教授玩足球是你和狗狗学习行为塑造技巧的好方法。每天练习，一周后你的狗狗就可以准备去参加世界杯了！

疑难解答

我的狗狗咬球

在学习阶段，要避免对狗狗说"不"，因为那样会导致它不愿意尝试新事物。永远不要在狗狗咬球的时候点击响片，而要等它推动球的时候再点击。你也可以试着用一个大点的硬塑料球，这样狗狗没法咬，这些球也可用作玩具保龄球。

小贴士！

当狗狗成功率达到 75% 的时候，就可以对它提高要求。

"不！我不会，
我不会，我不会！"

玩足球

① 狗狗可能会过来了解这个新物品。

② 在狗狗过来接触到球的那一刻，点击响片。

然后马上奖励食物。

③ 把食物放在球下。在狗狗推动球并得到球下面的食物时点击响片。

咔哒

④ 等待狗狗与球再多互动几秒钟后才点击响片，并奖励食物。

"我喜欢追赶我的球球，
因为它从我身边跑开了！"

取东西

"我可以帮主人
去取各种东西。"

教狗狗去取东西。
这个重要技巧不仅能让狗狗受益，
还可以让它帮你干活。

训练步骤：

天生猎犬

1 狗狗有天生寻找猎物的本能，所以我们可以利用这种本能。先找一个狗狗喜欢含在嘴里的玩具（最喜欢的玩具）。

2 摆动玩具，吸引狗狗的兴趣，然后把玩具扔到不远处并对它说："取东西！"

3 一旦狗狗捡起玩具，你可以通过各种方法鼓励它拿过来，如拍拍腿、冲它喊、表现出兴奋状或转身背对它。

4 当它把玩具带给你时，拿走玩具，奖励它食物，然后把玩具还给它。你要让狗狗知道，它不会因为把玩具带给你而失去玩具，这一点很重要，否则它可能不会愿意拿给你！

非天生猎犬

5 非常小的狗狗，或没有按猎犬培养的狗狗，用上述方法教它拿东西可能不会成功。这种情况下，可以使用循序渐进的行为塑造方法（第110页）。手里准备好响片，摆弄狗狗最喜欢的毛绒玩具，并把它抛向空中。在狗狗用嘴叼住玩具的那一刻，点击响片，并迅速给予奖励。

6 一旦狗狗成功学会用嘴叼玩具，你可以对它提出更高要求以获得响片声。把玩具随意扔在地上，它用嘴去叼时点击响片。接下来，再次提高要求，要求它用嘴叼起玩具并把头转向你，再次点击响片。和往常一样，每次点击之后都给予食物奖励。

7 一旦狗狗在短时间内获得成功，可以把玩具扔得更远些，然后对它说："取东西！"当狗狗带着玩具回来时，点击响片并给予食物奖励。

预期效果：

大多数狗狗都喜欢用嘴叼东西，一周之内就能学会叼东西的基本技能。不过狗狗很容易分心，所以不要急于增加距离。

疑难解答

我的狗狗拿到玩具就跑了

永远不要在狗狗和你玩躲猫猫的时候去追它。用美食诱惑它回来，或者你跑开，鼓励它来追你，或准备另一个玩具来引起它的注意。

我甚至都没法让狗狗拿起玩具

首先只要它碰到或者嗅了嗅玩具，点击响片并奖励。如果连这一步都没达到，那就在它头朝玩具低下的瞬间点击响片。从小处开始，随着狗狗逐步掌握每一步的动作要领，再不断提高要求。

小贴士！

如果一直都不成功，返回到前面的步骤。

"耶！坐车啦！耶——耶——！"

取东西

天生猎犬

① 和狗狗一起摆弄玩具。

② 一旦狗狗对玩具产生兴趣，便开玩笑地
把玩具抛开。

③ 鼓励狗狗把玩具拿回来给你。

④ 给予食物奖励，并将玩具还给它。

非天生猎犬

⑤ 在狗狗嘴碰到玩具的瞬间点击响片……

紧接着给予食物奖励。

⑥ 提高要求，把玩具随意扔在地上，它用嘴去叼玩具时点击响片。

再次提高要求，要求它用嘴叼起玩具并把头转向你时，再点击响片。

⑦ 把玩具扔得更远些。

当狗狗带着玩具回来时点击响片。

第 5 章 行为塑造　**119**

取报纸

口　令
取东西

一旦狗狗学会取东西，
就可以增加难度，
如教它把东西送
到你手里来——
教它去取报纸。

"这是我每天
都要干的
重要工作。"

训练步骤:

1 首先,教狗狗学会"取东西"(第116页)。从室内训练开始,因为在室内狗狗更不容易分心。用橡皮筋将报纸扎起来,然后扔给狗狗玩。告诉它"取东西!取报纸!"一旦它拿起报纸,拍拍你的腿,鼓励它回到你身边。

2 一旦狗狗学会取报纸,你可以开始教它直接把报纸交到你手里。为了教会它这一点,必须做好安排,让它获得成功,然后对它的成功进行奖励。你必须做好安排、快速行动,让它能把报纸送到你手里而不是掉在地上。当狗狗拿着报纸回到你身边时,你左脚固定好,然后右脚向后迈一大步,这会吸引狗狗更加靠近你。

3 当狗狗离你足够近时,左脚保持固定,右脚向前冲。设法在报纸掉到地板上之前抓住它。

4 如果你接到报纸,对狗狗毫不吝惜地表扬一番,并奖励它一顿美食!

5 如果你没能在报纸掉到地上之前接住,要试着让狗狗再捡起来,让它明白它的工作还没有完成。手里拿着食物来激励它,并指着报纸鼓励它"拿过来!"如果它听不懂,就摆弄一下报纸,引起它的兴趣。

6 只有当你从狗狗嘴里拿到报纸的时候才给予奖励。如果确实不能让狗狗再拿起报纸,可以先走开,不要拿起报纸,稍后再试一次。

预期效果:

狗狗在失去兴趣后有丢掉东西的习惯,坚持教狗狗把报纸拿到你手里。一旦狗狗学会了拿东西,再花一周时间它就能学会把东西递到你手里。先让狗狗站在门口的车道上,离报纸很近,让它把报纸拿给你。慢慢地站得离门口越来越近,离报纸越来越远,增加取东西的距离。

疑难解答

我的狗狗把报纸撕碎了!

要把这种情况扼杀在萌芽状态。玩具是可以咬的,但是报纸是属于你的,不是玩具。在学习阶段,用袋子把折好的报纸包起来,这样狗狗就会养成取报纸而不是撕毁报纸的习惯。

小贴士!

在驯狗术语中,"点心"就意味着食物奖励。"想要点心吗?"

"我有一个粉红色的项圈,我很喜欢它,可有时不想戴。"

取报纸

① 用橡皮筋将报纸扎起来，然后开玩笑地扔
  给狗狗玩，并告诉它"取东西！取报纸！"

一旦它拿起报纸，拍拍你的腿鼓励它回到
你身边。

② 左脚固定好，然后右脚向后迈一大步。

③ 保持左脚固定，右脚向前冲，去接住报纸。

④ 祝贺狗狗成功，让它美餐一顿。

⑤ 如果报纸掉地上……

尝试让狗狗从地上捡起来。

⑥ 从狗狗嘴里拿下报纸。

只在拿到报纸后再给予奖励。

打开门

将绳子或擦碗巾绑在门把手上，
教狗狗开门。

"这是我们藏饼干
的地方！"

训练步骤：

1 熟悉行为塑造训练方法（第 110 页）。在毛巾里面包一份食物用来吸引狗狗，然后在地板上摆动毛巾。一旦狗狗嘴碰到毛巾，点击响片，奖励食物。

2 接下来，试着让狗狗紧抓毛巾一秒钟。一旦它咬住毛巾，继续摆动并稍微拉一下，以激发它的捕猎冲动。每当它紧抓毛巾达两秒钟时，点击响片并奖励食物。

3 把毛巾系在门把手上。再次在毛巾里面包些零食可能会更有帮助。摆动毛巾，只要狗狗与毛巾有任何互动，即便它只是想闻闻里面的食物而用鼻子接触毛巾也要点击响片。

4 提高要求，等待狗狗咬住毛巾，然后再点击响片并给予奖励。

5 一旦狗狗成功地咬住毛巾，在它拉动毛巾之前不要点击响片。不要要求太高，一开始只要轻轻一拉，就给予奖励。

6 如果狗狗每一步都获得成功，你可以提高要求。在最后阶段，只需对它说"开门"，狗狗应该就能通过用力拉毛巾来打开门。

预期效果：

这个技巧比乍看起来要难一些。在教授这项技巧的过程中，你作为训练者将会面临挑战。最重要的是要记住，你希望狗狗有尽可能多的成功体验（点击响片），所以提高要求的节奏要尽量慢些，幅度要尽量小些。让狗狗在进入下一个阶段之前，每一环节都有10 ～ 30 次的成功体验。

疑难解答
狗狗在某个环节停止

狗狗中途停止很常见。如用鼻子嗅嗅毛巾却不咬住，或者咬住毛巾但不拉。遇到这些情况，一旦狗狗连续两次重复当前环节，点击响片。例如，如果它咬了一下，先不要点击，等它再次咬住时点击响片。但要注意，如果它第一次尝试实际上是在拉毛巾，那就立即点击响片。

小贴士！
这个技能也可以用来打开抽屉、橱柜、邮箱和玩具盒的盖子。

"我喜欢自己开门，这样就不用主人帮我了。"

打开门

① 把毛巾拧起来，里面包一份食物。

摆动毛巾，吸引狗狗的注意力，一旦狗狗咬住毛巾，点击响片并给予奖励。

② 稍微拉一下毛巾，让狗狗抓的时间长一点，一旦它紧抓毛巾达两秒钟，点击响片并奖励食物。

③ 当狗狗嗅毛巾里面的食物时，点击响片。

④ 提高要求······

等狗狗咬住毛巾再点击响片,每次都给予食物奖励。

⑤ 试试看狗狗能否轻轻拉动毛巾。

⑥ 最终狗狗可以用力拉毛巾来开门。

蒙眼睛

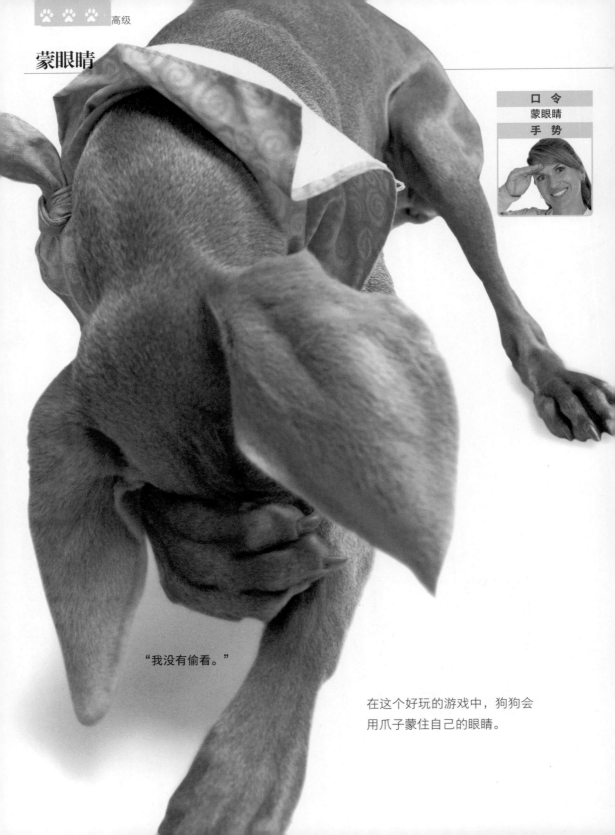

"我没有偷看。"

在这个好玩的游戏中，狗狗会用爪子蒙住自己的眼睛。

训练步骤：

1　在学习阶段，狗狗只会用爪子在脸上快速摸一小会儿。教授这个技巧成功与否很大程度上取决于点击响片的精确时机。拿一根胶带粘在狗狗的头上或嘴上。透明胶带通常在狗狗身上粘一会儿就会掉落，所以可能要选择黏性强一点的胶带。如果狗狗毛很长，把胶带在你的裤子粘几次，以减少一点黏性。

2　鼓励狗狗"蒙眼睛，去抓！"胶带会让狗狗烦躁，自然就会用爪子拍打自己的脸。准备好响片，它的爪子碰到脸时就点击一下。

3　每次点击之后，立刻给予食物奖励。如果它在头上抓挠的时候没有抓掉胶带，那么胶带会继续让狗狗分心。因此，它可能都没有意识到你会给它食物。所以只要一点击，就马上把食物放进它嘴里。保持每次的练习简短，每次只重复5～10下。一旦狗狗完成约100次的重复，继续下一步。

4　用胶带练习几次后，试着不用胶带。只轻轻拍一下狗狗的头部，也就是通常贴胶带的地方，然后再说一遍"蒙眼睛！"

5　如果狗狗真的在脸上摸了一下，点击响片并奖励食物。如果没有在脸上摸，就重新使用胶带。通常情况下，在轻拍狗狗的头部和再次使用胶带之间，训练者必须来回重复多次。

6　最终，你可以不需要使用胶带，甚至不需要轻拍狗狗的头部。仅仅给出口头暗示和手势就足以让它用爪子蒙住眼睛。

预期效果：

这种训练方法如此自然，狗狗应该马上就会把胶带抓掉。大约1个月，或经过200次重复之后，狗狗应该就可以在胶带的帮助下学会蒙住眼睛。然而，要在没有胶带帮助的情况下掌握这项技能，可能需要更长的时间。

疑难解答

我的狗狗摇了摇头，没有去抓胶带

用一种更结实的胶带，这样狗狗就不会轻易把胶带抖掉。可以试着把胶带贴在不同的地方：在它的眼睛上方、下方或头顶上。

胶带贴好了，可狗狗只坐着不动！

鼓励狗狗去抓胶带，就像攻击鼻子上的虫子一样。碰一碰胶带提醒它，用你的声音让它兴奋起来，大声说："去抓！去抓！"

小贴士！

带狗狗去做些短程差事或旅行。这对它的社交能力大有好处，它也会享受沿途的风景。

"这个游戏好难，我有时会摔倒。"

蒙眼睛

① 拿一根胶带粘在狗狗的头上或嘴上。

咔哒

② 它用爪子摸到脸时点击响片。

③ 点击响片后，马上把食物放进它嘴里。

④ 轻轻拍一下狗狗的头部，也就是通常贴胶带的地方，然后对它说："蒙眼睛！"

咔哒

⑤ 在轻拍狗狗头部提醒和再次使用胶带之间，训练者需要来回重复多次。

"你为什么嘲笑我！"

咔哒

⑥ 给出手势并对狗狗说："蒙眼睛！"

玩滑板

口 令

滑板

狗狗可以学会推滑板，
它会将三只爪子放在滑板上，
并用剩下的那只后爪往前推。

"我喜欢站在上面。"

训练步骤：

1 熟悉行为塑造训练方法（第 110 页）。用你的脚固定住滑板，吸引狗狗把前爪放在上面（第 30 页）。当它的两只爪子都在滑板上的时候，点击响片并奖励食物。

2 现在教狗狗把第三只爪子放在滑板上。保持你的脚在滑板上不动。用一只手拿着响片和零食，把这只手放在狗狗鼻子附近，让它的头部和前爪保持原位。把你的身体移到和狗狗后爪同一侧。轻拍它靠近滑板的后腿，以提示它把爪子放到滑板上。一旦它做到了，点击响片并让它从你手中拿走食物。

3 一旦狗狗学会把三只爪子放上滑板，就可以开始滑动了。在前轮系上皮带，让狗狗把三只爪子放在滑板上，在它稍前方拿一份零食以吸引它的注意力。慢慢拉动皮带，在它的第四只爪子离开地面的瞬间，点击响片并给予食物奖励。继续拉动皮带、点击响片和奖励食物。你应该每隔几秒钟点击一次响片，与它的第四只爪子每次离开地面的时间相对应。记得每次点击后都要给点食物奖励。

4 解开皮带，向后走。口头提示"滑板"，同时鼓励狗狗把滑板推向你。

预期效果：

狗狗们可以在几天内学会用三只爪子踩滑板。要想学会用第四只爪子协调推滑板，可能需要额外多几个星期，甚至几个月。斗牛犬和牧师罗素犬似乎最喜欢这个游戏！

疑难解答

我的狗狗有时会踩到滑板的末端而翘起来

如果这让狗狗感到害怕，你可以把泡沫块固定在滑板的任意一端的底部，防止滑板翘。如果狗狗不害怕，就不要调整滑板，而是让狗狗自己花时间去想办法在滑板上保持平衡。

小贴士！

在光滑的表面学习滑板。水泥地上的裂缝或沥青停车场的高低不平会妨碍滑板滑动。

"你知道哪儿有肉丸吗？
它们真的、真的、真的很美味。"

玩滑板

① 用脚固定住滑板，吸引狗狗把前爪放在
上面。

当两只前爪都在滑板上的时候，点击响片
并奖励食物。

② 把食物放在狗狗鼻子的高度，一旦狗狗把第
三只爪子放上滑板，点击响片。

③ 把皮带拴在滑板上。当狗狗把第四只
脚放上滑板时，给予奖励。

④ 解开皮带，鼓励狗狗朝你前进。

"再快点！再快点！"

第 6 章

连贯动作

"我可以独自
完成它！"

将几项简单的技能结合在一起，组合成真正让人印象深刻的连贯动作！要教授连贯动作，首先要把每个组成部分作为单独的动作来训练。然后，让幼犬按顺序执行这些动作，并将整套动作冠以名称。

把篮球扣入篮网就是典型的连贯动作，它是三个简单动作的结合：

- 取球
- 把爪子放在边框上
- 把球扣进网内

一旦幼犬能够独立完成每个动作，就可以连贯起来进行练习。用"扣篮"这个新提示词来描述整套动作，这样狗狗就知道整套动作是一项技能。

取球

爪子放上边框

把球扣进网内

玩具收拾入箱

"主人说这是
她最喜欢的技能。"

狗狗打开玩具箱盖，把玩具放进去，然后关上盖子。让这些技能成为狗狗的日常行为，你将会成为邻居们羡慕的对象！

收拾玩具

1 一只手拿零食，另一只手拿响片。把毛绒玩具扔出去，并命令狗狗"取东西"（第116页）。

2 狗狗带着玩具回来的时候，手持零食放在打开的玩具箱上方几厘米处。狗狗张嘴想要吃零食的时候，玩具应该正好掉入玩具箱，此时点击响片并给狗狗喂零食。

3 一开始，如果狗狗的玩具掉在玩具箱附近而不在箱子里面，可以给狗狗食物，但不要点击响片。随着狗狗不断进步，只有当玩具掉进玩具箱里的时候，才点击响片并奖励食物。

打开盖子

4 在玩具箱盖子的边缘位置系上一根打结的粗绳。把一个玩具塞在盖子下面，使其呈部分打开状。让狗狗站在玩具箱后面，你摆动绳子。如果狗狗过来嗅、咬或碰绳子，点击响片并奖励食物。如果狗狗对绳子不感兴趣，试着将热狗在绳子上擦一擦，留下些香味。

5 狗狗明白触碰绳子就会获得响片奖励后，你可以开始提出更高要求。在它碰到绳子时不要点击响片，它可能会再碰一次，然后可能会变得沮丧并撕咬绳子——点击响片！

6 接下来试着让狗狗轻轻拉动绳子。鼓励它"打开！拉！拉！"只要它轻轻一拉就点击响片并给予食物奖励。

7 最后，拿掉盖子下的玩具，狗狗就可以自己把盖子拉开了！

关上盖子

8 我们这次不用响片，因为你的两只手都会被占用，关上盖子时"砰"的一声就是成功的标记。蹲下来，一只手抓玩具箱盖子将其部分打开，另一只手引导狗狗踩在盖子上，告诉狗狗"关上"。

9 当它踩到盖子时，盖子就会关上，让它从你手中拿走食物。它收到食物奖励时，前爪应该还在盖子上。如果盖子关闭时"砰"的一声吓到它，你可以在玩具箱边缘放一条毛巾来降低声响。

10 慢慢将盖子开得越来越大，直到狗狗发现你只是想要"砰"一声关上盖子，而不一定踩在盖子上。

预期效果：

如果你的狗狗已经知道如何去取，可以在 2 ～ 3 周内就学会把玩具放进玩具箱。许多狗狗在 1 周内就学会了盖上玩具箱盖子，但是学会打开盖子通常需要更长的时间。

疑难解答

我的狗狗有时令人费解，会把玩具从盒子里取出来！

那是因为狗狗想要取悦你！你可以"哎呀"一声，提醒狗狗犯了错误。

我的狗狗想玩玩具，不想把它放进去

那就使用不那么有趣的玩具。

小贴士！

你自己要先熟悉整套动作过程（第136页）。首先训练每个环节，然后按顺序提示"收拾""打开""取东西""关上"来完成整套动作。

玩具收拾入箱

收拾玩具

① 将毛绒玩具扔开，让狗狗去取过来。

② 手持零食放在玩具箱后沿的上方。

一旦狗狗张开嘴，点击响片。

让狗狗享用食物。

③ 一开始，如果玩具掉在箱子附近，也给予奖励。

打开盖子

④ 狗狗用鼻子嗅或用嘴巴碰到绳子时点击响片。

⑤ 接下来要等到狗狗咬住绳子后再点击响片。

⑥ 示意狗狗拉住绳子，点击响片并给予奖励。

⑦ 把塞在盖子下面的玩具拿开。　　让狗狗自己打开盖子。　　狗狗做到后，点击响片并奖励。

关上盖子

⑧ 让玩具箱盖子呈半开状，并且吸引狗狗注意力。　　诱导狗狗踩到盖子上。　　⑨ 趁它的爪子还在盖子上时奖励它。

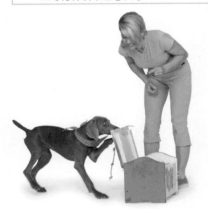 

⑩ 把盖子完全打开以增加难度。　　让狗狗把盖子关起来。

用踏板垃圾桶

这项技能会给你的朋友们留下深刻印象！教狗狗用爪子踩踏板打开垃圾桶，然后把垃圾扔进去。

"我每次都会查看垃圾桶，看看里面有没有什么好东西。"

训练步骤：

垃圾入桶

1 一只手拿零食，另一只手拿响片。将毛绒玩具扔出去，指示狗狗"取东西"（第 116 页）。

2 当狗狗带着玩具回来时，用握着响片的手打开踏板垃圾桶盖子，另一只手拿着食物靠近踏板垃圾桶盖上。当它张开嘴准备吃的时候，玩具应该正好会掉进垃圾桶里。在玩具掉下来的那一刻，点击响片并让它享用食物。一开始，如果狗狗将玩具掉在垃圾桶附近而不是里面，给它食物奖励，但不要点击响片。随着它不断进步，你可以提出更高要求，要求把玩具放入垃圾桶里面。你可以用手指轻轻地帮助它把玩具扔进垃圾桶。

踩踏板

3 如果你的狗狗已经知道如何"按灯"（第 106 页），可以暂时把灯粘在垃圾桶的脚踏板上，让它有踩上去的冲动。另外可以用食物诱导狗狗向前走，它会一不小心踩到踏板。粘上踏板灯可以让垃圾桶踏板看起来更大些，方便踩踏。

4 狗狗无论何时一不小心踩到脚踏板，甚至只是碰到一下，都要点击响片并奖励食物。如果可能的话，试着让手中的食物保持稳定，这样它在吃的时候就会一直踩着脚踏板。

5 随着不断进步，狗狗会故意去踩踏板，你不应该再用食物去诱导。对它发出"去踩"口令，一旦它去踩踏板，就点击响片并奖励食物。

预期效果：

这项技巧其实并不像你想象得那么难教。狗狗们似乎喜欢踩脚踏板，并且过几天就会明白这个概念。如果你每周训练几次，狗狗可能需要一个月的时间就能独立完成。

连贯动作

你要先熟悉连贯动作的过程（第 136 页）。然后分别训练每个环节，然后教狗狗把动作连贯起来。

1 让垃圾桶盖子呈半开状，找个玩具随意扔出去，并提示狗狗"垃圾"。它可能会把玩具拿起来丢进垃圾桶，点击响片并奖励食物。

2 然后把盖子稍微合上一点，提示狗狗去取另一个玩具。狗狗这次可能会遇到麻烦，把玩具掉到垃圾桶盖子上。一旦它把玩具掉在垃圾桶附近，用"去踩"口令提示它踩踏板。当它踩下踏板并打开盖子时，按住盖子，再次提示它去取玩具并把玩具扔进桶里面。一旦玩具进入垃圾桶，点击响片并奖励食物。

3 你希望狗狗获得尽可能多的成功体验，所以这通常意味可以用一些善意的欺骗来帮助狗狗。如果狗狗把玩具放在垃圾桶附近，那就用你的手指帮助它放进去，然后点击响片并奖励食物。如果狗狗踩到了脚踏板但又滑开了，那就帮它把盖子打开一点，这样它就能把玩具放进去了。

疑难解答

我应该使用什么类型的踏板垃圾桶？

用一个平盖的踏板垃圾桶，上面没有扣板（如步骤图中所示），这样狗狗就可以用鼻子来打开它。带有阻尼缓冲盖的踏板垃圾桶也会很有帮助。

用踏板垃圾桶

垃圾入桶

① 将毛绒玩具扔出去，让狗狗去取过来。

② 用拿着响片的手打开盖子，另一手拿着食物靠近盖子。

在它张开嘴时点击响片。

踩踏板

③ 用食物吸引狗狗靠近踏板。

④ 在狗狗一不小心碰到踏板时点击响片。

每次点击响片后给予食物奖励。

⑤ 随着狗狗不断进步，它会故意去踩踏板，在它踩踏板时给予奖励。

连贯动作

去冰箱取汽水

口 令
取汽水

"我的主人说，
如果我一整天都表现得好，
她会给我一个汉堡包。
我还没吃过汉堡包呢。"

学会这项有用的技能，
狗狗就会打开冰箱门，
取一瓶汽水，
然后把冰箱门关上，
返回你身边。

训练步骤:

取汽水

1 在开始教这一步之前,先教狗狗"取东西"(第116页)和"取报纸"(第120页)。选择一个小小的空汽水瓶,这样狗狗可以很容易地把它叼在嘴里。瓶子上加一层泡沫塑料,有利于更好地控制瓶子,把瓶子扔在地板上让狗狗去取几次,练习抓瓶子。

2 打开冰箱门,把汽水瓶放在冰箱下层的干净架子上,让狗狗去取汽水过来。

开冰箱

3 在开始教这一步之前,先教狗狗"打开门"(第124页)。把毛巾绑在冰箱把手上,狗狗可能不够强壮或重量不够,拉不开冰箱门的封条,你可以把冰箱门先轻轻打开一点。提示狗狗"开门",这样它就会去拉冰箱上的毛巾。若能做到这一步,给予奖励。

关冰箱

4 在你开始教这一步之前,先教狗狗"关门"(第104页)。开始先将冰箱门稍微打开一点。轻敲狗狗头顶上方的门,提示它"关门",做到后给予奖励。

预期效果:

一旦狗狗学会这三个步骤,开始逐步取消单独的口令,使用"取汽水"来代表整套动作。现在狗狗知道冰箱里的秘密了,你可能需要安装一把挂锁了!

连贯动作

你先要熟悉连贯行为的过程(第136页)。然后首先教授每个分解动作,提醒它"取汽水",再按顺序提示每个环节"开门""取东西""关门"。

疑难解答

我的地板被抓坏了!

如果狗狗体重轻,再加上又是瓷砖地板,狗狗在拉毛巾时会很滑。用门垫增加牵引力,或者在门把手上用一根较长的绳子增加杠杆角度。

"带着卫生纸跑太有趣了!"

去冰箱取汽水

取汽水

① 扔出去一个空汽水瓶。

让狗狗将空汽水瓶拿回你手上。

② 把瓶子放在打开的冰箱里。

让狗狗去取过来。

开冰箱

③ 把毛巾绑在冰箱把手上。

提示狗狗"开门"。

关冰箱

它会咬住毛巾，把冰箱打开。

④ 敲敲冰箱门，提醒它"关门"。

去邮箱取邮件

口 令
取邮件

教狗狗打开邮箱门，
取出邮件，然后关门。

"把纸撕成碎片也很有趣！"

训练步骤：

取邮件

1 在教这项技巧之前，先教狗狗学会"取东西"（第116页）和"取报纸"（第120页）。把卷起来的邮件或报纸扔到地板上，让狗狗去取几次。

2 把报纸放在打开的邮箱里，轻轻敲击吸引狗狗的兴趣。提示它"取东西"并在取回来的时候奖励食物。

开邮箱门

3 将一根打结的绳子系在邮箱门的顶部。摆动绳子，狗狗过来嗅、咬或触碰绳子时，点击响片并奖励食物。如果狗狗对绳子不感兴趣，试着用热狗在绳子上擦一擦，留下些香味。

4 一旦让狗狗明白只要触摸绳子，就会获得响片奖励，你可以开始提出更高要求。在它碰到绳子时不要点击响片，它可能会再碰一次，然后可能会变得沮丧并撕咬绳子——此时点击响片！

5 接下来试着让狗狗轻轻拉动绳子。鼓励它"打开！拉！拉！"只要它轻轻一拉就给予食物奖励。

6 最后，试着等狗狗把邮箱门完全打开再点击响片。

关邮箱门

7 取下拴在邮箱门上的绳子，以免给狗狗造成困扰。用两根大橡皮筋绑在一起把邮箱门拉开几厘米，橡皮筋的弹性会让门微微打开，但不会在狗狗拉动邮箱门的时候造成倾斜。

8 在邮箱门上抹一点花生酱，以吸引狗狗的兴趣。告诉它"关门"，并在它接触邮箱门的那一刻点击响片，然后马上奖励。

9 接下来，不要仅仅因为它碰到邮箱门就点击响片，等它把门关上再点击。一旦它成功做到了，在绳子上加上第三根橡皮筋，让邮箱门开得更大些。最后，把橡皮筋全拿掉。

预期效果：

学习从邮箱取邮件需要1～2天的时间。打开和关闭邮箱门可以在1周左右的时间内学会。

连贯动作

你自己先要熟悉连贯行为的过程（第136页）。首先熟悉每个动作，然后教狗狗把动作连贯起来。你的新指令"取邮件"代表整套连贯动作。

疑难解答

我的狗狗在我要它关上邮箱门的时候，会把门打开

因为所有这三个步骤都使用相同的道具，狗狗可能一开始会对自己应该做什么感到困惑。

"零食可能是世界上最好的东西。"

去邮箱取邮件

取邮件

① 让狗狗从地板上取邮件。

② 把邮箱打开，邮件暴露在外。

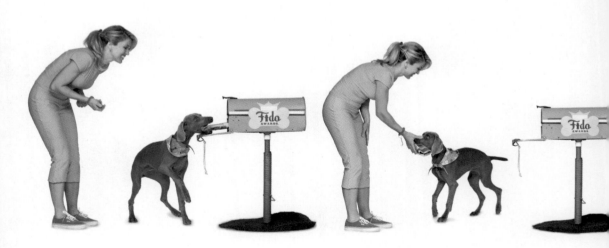

告诉狗狗"取东西！"

狗狗把邮件拿到你手上后，你要马上给予奖励。

开邮箱门

③ 狗狗触碰邮箱上的绳子，点击响片给予奖励。

④ 现在等到狗狗咬住绳子再点击响片。

⑤ 然后鼓励狗狗拉绳子，点击响片并奖励食物。

⑥ 让狗狗把邮箱门全打开。　　　点击响片并奖励食物。

关邮箱门

⑦ 使用两个橡皮筋将邮箱门保持打开。

⑧ 当狗狗闻门上的花生酱时，点击响片。

⑨ 让狗狗将邮箱门完全关闭。

附录 按难度等级分类

"我小时候什么
把戏都不会，
可现在我已经
会 3 种了！"

术语表

行为（Behavior）

狗狗所做出的动作。

连贯动作（Chaining）

几种动作组合在一起的连续动作。

响片（Clicker）

一种带有金属舌的手持装置，按下或点击时会发出"咔哒咔哒"声，常在犬类训练中用作奖励标记。

点心（Cookie）

驯犬行话，指食物奖励。

提示（Cue）

指示狗狗做出某种行为的词或手势。

诱导（Luring）

用某种方法来引导幼犬，使幼犬能够调整身体的位置。例如，在教狗狗"转圈"时，我们可以用食物诱导它转一圈。

奖励标记训练（Marker Training）

在这种训练中，对狗狗做出正确行为的瞬间做出一个标记。及时的奖励标记可以帮助狗狗了解自己的哪个行为获得了奖励。每个奖励标记后都会伴随一份奖励。

正向强化（Positive Reinforcement）

正向强化是指对良好行为进行奖励，以提升此类行为。你教狗狗一个技巧然后给予奖励，它就学会重复这个技巧。

幼犬（Puppy）

就本书而言，幼犬是指 2 岁以下的狗狗。

后退（Regression）

如果一只狗狗连续 2 ~ 3 次尝试都不成功，我们就会暂时降低标准。退回到之前更简单的环节，让狗狗重新获得成功体验。

奖励（Reward）

狗狗喜欢的任何东西（如口头表扬、玩耍或玩具）都可以作为良好行为的奖励。食物是对狗狗最常见的奖励。

奖励标记（Reward Marker）

通过特定的、独特的声音（如口令或响片发出的声音）提示狗狗在某个瞬间的表现正确并会获得奖励。

行为塑造（Shaping）

它是一种把某项技能分解成几个步骤的驯犬方法。先训练最基础的步骤并给予奖励，然后进入下一个步骤，一步一步地完成整个技能。奖励标记通常用于行为塑造训练，因为这样可以非常精确地标记狗狗的某个行为。

训练周期（Training Session）

持续的、注意力集中的教学周期。每天安排几次 5 分钟的训练对大多数狗狗来说是理想的训练周期。

食物（Treat）

豌豆大小的柔软可口食物，用作奖励或诱饵。

食物袋（Treat Bag）

也叫诱饵袋，别在腰间用来装零食的小袋。

技能 / 技巧（Tricks）

狗狗根据提示做出的行为。

提高要求（Upping the Ante）

提高要求就是要求狗狗做出比之前难度更高的行为。一旦狗狗取得75%的成功，就要提高要求，要求用更高的技能来赢得奖励。

作者简介

关于作者

凯拉·桑德斯的特技表演犬团队在国际舞台上享有盛名，他们经常在马戏团和专业体育中场秀中进行表演，此外还登上《今夜秀》(The Tonight Show)、《艾伦秀》(Ellen)、《今夜娱乐》(ET)、《全球影视犬颁奖典礼》(Worldwide Fido Awards)、《动物星球》(Animal Planet)以及《狗爸狗妈真人秀》(Showdog Moms & Dads)等电视节目。凯拉和她的爱犬主演了迪士尼的《超能狗》(Underdog)舞台剧，并受命在马拉喀什(Marrakech)为摩洛哥国王演出。凯拉在全国犬类竞技运动中名列前茅，曾担任犬类演员培训师，并为国际专业犬类组织授课。

凯拉著有多本广受全世界爱狗人士欢迎的驯犬图书，包括《训练狗狗，一本就够了》(101 Dog Tricks)系列和《狗的规则》(The Dog Rules)，并录制多部驯犬视频。凯拉和她的威玛犬查尔茜、杰迪以及她的丈夫一起生活在加州莫哈韦沙漠的一个农场里。

关于杰迪

凯拉的威玛幼犬杰迪在4个月大的时候拍摄了本书中许多整版训练的照片。在它4~5个月大的时候，它拍摄了书中的动作分解照片。杰迪在8周大的时候就开始训练；9周大的时候在尼可频道《全球影视犬颁奖典礼》(Worldwide Fido Awards)上表演；在20周大的时候，在驯犬视频中担任主角。随着它不断成长，我们期待着它带来更多美好的东西！

致谢

感谢母亲海迪·霍恩(Heidi Horn，兼制作助理、协调员、狗狗护理员)、克莱尔·多尔(Claire Doré，顾问)和我的威玛犬查尔茜(幼犬导师)。尤其要感谢所有可爱、聪明、才华横溢的狗狗：梅布尔(Mabel，斗牛犬)、卢克(Luke，西伯利亚雪橇犬，又名哈士奇)、杰米(Jamie，达尔马提亚犬)、纳什(Nash，大胡子牧羊犬)、吉布森(Gibson，白金色猎犬)、露西和苏茜(Lucy and Susie，小猎犬)、多莉和布罗迪(Dolly and Brody，猎犬)，还有我自己的杰迪(威玛犬)。

摄影师：尼克·萨格利姆本尼 (Nick Saglimbeni)

出生于马里兰州的巴尔的摩，他痴迷于突破传统摄影的极限。在获得南加州大学电影摄影硕士学位后，尼克开设了SlickforceStudio工作室，后来迅速发展成为洛杉矶最受欢迎的视觉媒体工作室之一。尼克已获得全国Photoshop专业人士协会颁发的三项大奖，并获得2009年度黑莓小企业奖。他的作品已经登上100多本杂志封面，他将继续从事电视和电影摄影。